高职高专产品艺术设计专业（灯具方向）规划教材

灯具开发设计

主　编　肖知明
副主编　盛传新　林界平　马　驰
　　　　郭锦华　王　骁

黄河水利出版社
·郑州·

内容提要

本教材包括灯具设计基础、灯具设计实务两个部分。第一部分介绍灯具设计的基础知识,包括灯具设计概述、灯具形态与功能设计原理、灯具设计的创造方法与灯具开发设计程序,通过案例分析理解基础知识,为后面的灯具开发设计打下基础。第二部分通过案例分析应用和巩固第一部分的基础知识;通过典型案例的实训操作学习不同类别灯具设计的要点;通过项目实训理解典型工作岗位的工作流程,提高岗位工作能力。

本书可作为灯具设计相关专业的教材,也可供灯具设计人员阅读参考。

图书在版编目(CIP)数据

灯具开发设计/肖知明主编.—郑州:黄河水利出版社,2016.9

高职高专产品艺术设计专业(灯具方向)规划教材

ISBN 978-7-5509-1563-3

Ⅰ.①灯… Ⅱ.①肖… Ⅲ.①灯具-设计-高等职业教育-教材 Ⅳ.①TS956

中国版本图书馆 CIP 数据核字(2016)第 234066 号

组稿编辑:贾会珍 电话:0371-66028027 E-mail:110885539@qq.com

出 版 社:黄河水利出版社

地址:河南省郑州市顺河路黄委会综合楼 14 层 邮政编码:450003

发行单位:黄河水利出版社

发行部电话:0371-66026940、66020550、66028024、66022620(传真)

E-mail:hhslcbs@126.com

承印单位:河南省瑞光印务股份有限公司

开本:787 mm×1 092 mm 1/16

印张:9

字数:219 千字 印数:1—1 000

版次:2016 年 9 月第 1 版 印次:2016 年 9 月第 1 次印刷

定价:32.00 元

前　言

改革开放以来，我国及时抓住经济全球化的机遇，逐步发展成为全球制造业大国和“世界工厂”。但同时也要看到，长期以来，我国产业主要集中在低附加值的加工制造和劳动密集型装配环节，在国际分工和全球价值链上处于中低端，制造业大而不强的问题十分突出。现在我国经济发展的内外环境正在发生深刻变化，传统优势的减弱和国际竞争的日益激烈，迫切要求我们加快实现从中国制造到中国创造的转变。

在产品的设计、制造、销售等环节中，设计作为先导，是形成品牌价值的核心环节，没有好的产品设计，品牌难以建立。国际市场上欧洲国家及美国、日本等优秀的品牌灯具产品，离不开优秀的产品设计，其灯具产品不断创新突破、推陈出新，引领着市场与消费潮流。反观我国的灯具产业，虽然占据着市场的极大份额，但主要是加工制造，加强灯具的设计研发与品牌建设迫在眉睫。

本教材以灯具设计师职业岗位能力目标为线索，根据高职教育艺术设计类专业教育教学特点以及人才培养方案编写，注重培养符合艺术设计类高等职业教育的“应用型”“能力型”人才。教材在内容的选取上遵循高职教育适度够用的原则，紧扣职业岗位能力目标，案例丰富翔实，实用性强。

本教材包括灯具设计基础、灯具设计实务两个部分。第一部分介绍灯具设计的基础知识，包括灯具设计概述、灯具形态与功能设计原理、灯具设计的创造方法与灯具开发设计程序，通过案例分析理解基础知识，为后面的灯具开发设计打下基础。第二部分通过案例分析应用和巩固第一部分的基础知识；通过典型案例的实训操作学习不同类别灯具设计的要点；通过项目实训理解典型工作岗位的工作流程，提高岗位工作能力。

本教材第一、二、三章由肖知明编写，其中第二章灯具设计中的安全标准由郭锦华编写，第四章由肖知明、林界平、王骁共同编写，第五章由盛传新、肖知明、马驰共同编写。在编写过程中，盛传新、林界平、马驰为本教材提供了大量的优秀案例并提出了宝贵的修改意见，在此表示感谢。

编　者

2016 年 7 月

目　录

第一部分　灯具设计基础

第二部分　灯具设计实务

第一部分　灯具设计基础

第一章　灯具设计概述

人类从来都不会放弃对光明的追求，灯就是光明的使者。原始人类钻木取火，以松木为灯；现代社会，科技飞速发展，人类的光明事业变得更加多姿多彩。黑夜里，灯是曼妙的精灵，透过丰富的光影层次，带给人们无限的甜美与温馨；白天，灯又幻化为装点空间的神奇画笔，或端庄，或活泼，装扮着人们五彩缤纷的生活！

第一节　国内外优秀灯具设计品牌与设计大师

国际上有许多擅长于做设计研发的灯具品牌，时尚之都意大利就聚集着Artemide、FLOS（见图1-1）、Foscarini等国际知名灯具品牌。

图1-1　意大利知名灯饰品牌FLOS的灯具设计

一、Artemide

被称为“灯王”的意大利灯具品牌Artemide成立于1960年，是全球最大的灯具生产厂商之一。Artemide的灯具多呈现出极简主义的特点，关注人们在生活中和光接触的每个细节，提倡“自由”是生命的核心价值，而“设计”则是展现独立个体自由度的最佳工具。Artemide将自己的产品及品牌概念形象地描绘为“人类之光”（Human Light）、富有智慧的光，它可以在人们的日常生活中与人们和谐沟通，这也是Artemide的核心设计理念。图1-2所示为Artemide网站首页。

在近60年的时间里，Artemide生产的灯具享誉世界，代表作品包括Tizio（提斯尤）、

图 1-2　Artemide 网站首页

Tolomeo(托洛梅奥)、Melampo(梅兰珀)、Logico(罗西克)等。

Richard Sapper(里查德·萨帕)设计的 Tizio 台灯(见图 1-3)获得 1979 年的“金圆规”设计大奖,同时也被纽约现代艺术博物馆永久收藏。

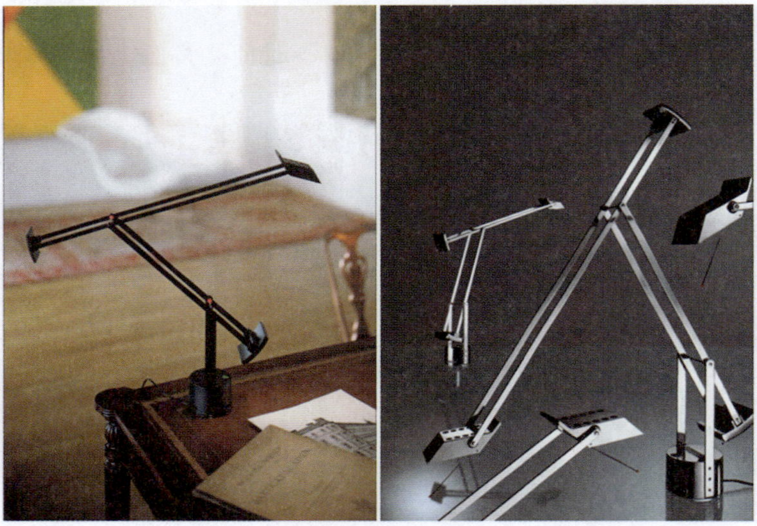

图 1-3　Tizio 台灯

“在我工作或阅读时,希望光线只投射在面前的书页上,而四周仍保持着幽静和朦胧”,这是设计师设计 Tizio 的初衷,也正是这一构思引导他设计出这款闻名世界的双臂台灯。平衡力学的巧妙运用,使 Tizio 呈现出多角度的平衡美感。

在 Tizio 台灯诞生将近 40 年后的今天,它仍然是“意大利制造”的崇拜物。Tizio 台灯除具有丰富的象征意义(有人觉得它像某些水鸟,有人觉得它是一个微型油泵)外,它的非凡功能也让人惊叹。它有多种运动的可能性:底座的平行转动,第一和第二接头处的垂直转动,灯罩的垂直转动。在任何地方,Tizio 台灯因有一个衡重系统而能永远保持平衡。铝材部件和连接活塞也是导电器,能够通过放在圆柱体底座中的变压器为节能的卤素小灯泡供电，这样就无需任何电线。

Ross Lovegrove（洛斯·拉古路夫）设计的 Mercury 吊灯（见图 1-4），是于 2008 年米兰设计展发表的新品。该灯通过静态的设计，呈现出流动的有机形态，现代感的铝盘衍生出鹅卵石般大小的水银珠滴，波光流转地浮动于空中，有魔术般的错觉。Mercury 吊灯是非常具未来感的灯，展现了设计师在有机形态设计方面的功力，以轻量、最少材质制作。整盏灯不让人感到生硬冰冷，反而更有生命力，非常适合极简内敛、低调奢华的空间。

图 1-4　Mercury 吊灯

日本著名时装设计师三宅一生为意大利灯具品牌 Artemide 设计的 in-ei 灯具（见图 1-5）在 2012 年米兰设计周上展出。这是一款可折叠的灯具，设计师运用了可持续的设计理念。灯具用特殊的织物材料制作，这些材料是用可回收利用的 PET 瓶制造的，能有效地节省能源，不仅如此，还可以将碳排放量降低 20%。

在日语中"in-ei"的意思是"阴影""遮蔽"和"细微变化"，这款灯具使用折叠的手法，用 2D 和 3D 的数学原理来确定灯罩的形态和光影范围，展开后就形成了一个大灯罩，通过丰富的层次变化形成有趣的光影效果。

Artemide 旗下拥有众多知名设计师（见图 1-6），他们把灯具当成空间气氛转换的神奇开关，将纯粹的照明功能巧妙地转化为装饰的主角，进而创造出缤纷多变的造型。

Ross Lovegrove（见图 1-7）是当代最著名和最具想象力的设计师之一，原为德国青蛙设计公司设计师，曾担任路易威登、杜邦等品牌的设计顾问，空中客车、法国标致和奥林巴斯等知名公司均为其客户。

Ross Lovegrove 的设计灵感来自自然界及未来主义，其作品以糅合自然美态与超新科技的有机设计享负盛名。他充满未来感的产品设计，带动了有机美学的新潮流。流动的线条、耀目的色彩、尖端科技的质料，是 Ross Lovegrove 设计的产品的独特标志，他善于透过新颖的材质和新科技，在形态、材质和技术上达到"自然"的平衡。他主张"有机本质"（Organic Essentialism）的概念，而这种美学组成元素，也都是源于大自然的，利用其创造出具有未来科技风格的产品形态。目前，他的作品被美国纽约现代艺术博物馆、巴黎蓬皮杜艺术中心和巴黎设计博物馆等收藏。

图 1-5　in-ei 灯具

图 1-6　Artemide 旗下的众多知名设计师

Artemide 除了公司内部的设计师，还邀约时下知名的建筑、室内、装置设计大师以及艺术大师进行跨界合作。图 1-8 为建筑设计大师扎哈·哈迪德和她设计的灯具。

Artemide 的灯具生产过程细节如图 1-9 所示。

图 1-7　设计大师 Ross Lovegrove

图 1-8　建筑设计大师扎哈·哈迪德和她设计的灯具

二、FLOS

1962 年成立的 FLOS 以其特立独行的设计风格，深受人们的喜爱，其灯具行业的领导地位也一直令人惊叹。FLOS 主要生产现代风格的装饰灯具以及商业照明灯具。该公司建立初始时出品的灯具现在已经成为意大利灯具制造业的经典之作，这些作品包括 Achille Castiglioni 等大牌设计师设计的 ARCO、Relemme、Toio 以及 Taccia 系列，至今这些系列仍在批量生产，这也证明了 FLOS 完美的设计研发能力与制造工艺。FLOS 不断地延续自己的传统，并将其融入新产品的设计制造中，使得 FLOS 灯具成为时尚设计与一流加工技术的代名词。该公司产品的超群之处在于其典雅的造型与优美的线条，在它的外观造型上可以看到现代风格与古典风格的融合。FLOS 的许多产品已经成为时尚与经典的典范，因此业界也将 FLOS 的设计风格称为“贵族式风格”。

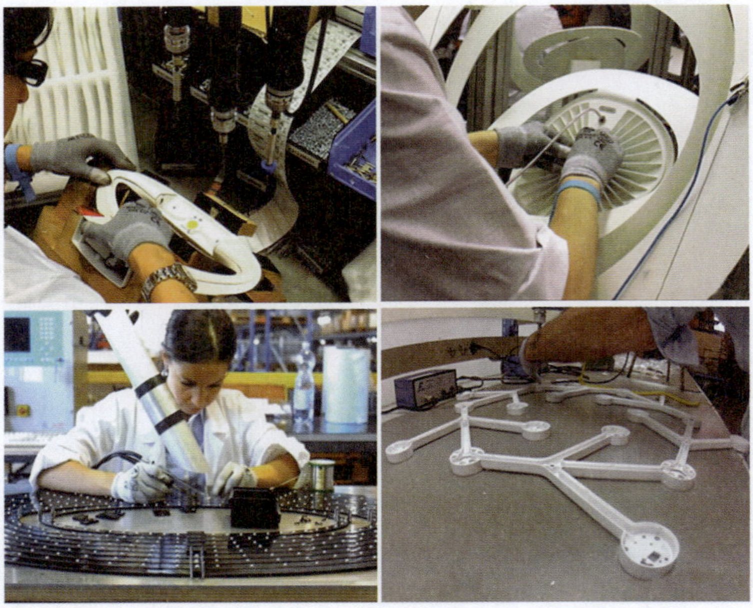

图 1-9　Artemide 的灯具生产过程细节

图 1-10　设计大师 Achille Castiglioni

FLOS 的创立者 Arturo Eisenkei 并不是一位设计师，而是一位灯具制造商。他在当时获得了一项在塑料表面喷雾的新技术，于是与设计界著名的设计师 Achille Castiglioni（见图 1-10）合作创立了 FLOS。

Achille Castiglioni 成了 FLOS 早年的当家设计师。抛物线造型的 ARCO 灯（见图 1-11）是 FLOS 于 1962 年生产的第一批灯具，由当家设计师 Achille Castiglioni 设计。Achille Castiglioni 1918 年出生于米兰，建筑出身，跨建筑和产品两大设计领域，所以从他的很多家居产品设计上都能看到建筑观念的影子。Achille Castiglioni 曾经服务过的 ALESSI、FLOS、MOROSO 等家居制造商现在已经成为世界最顶级的生产制造商，Achille Castiglioni 是陪伴着这些品牌成长起来的。Achille Castiglioni 设计的产品已经生产销售了几十年，成为经典。

ARCO 灯是 FLOS 的经典之作。专为古迹建筑特别设计的 ARCO 灯在设计之初是为了代替餐厅吊灯。因为意大利有许多建筑都是古迹，屋主不能随意在墙壁或天花板上打洞装灯，于是 Achille Castiglioni 设法让立灯“变高变大”，让灯身变成抛物线状，拉高立灯高度达 2.5 m，为稳固重心，大理石底盘基座总质量达 65 kg。这么重的灯具一定很难移动吧？若这么想就错了，ARCO 灯设计的巧妙之处就在于此，其基座上有个小洞，刚好是整座灯具的平衡点，只要插入扫把或木条，两个人就可以轻松搬动灯具。

Achille Castiglioni 1960 年为 Heisenkeil、FLOS 设计了蚕茧吊灯系列（见图 1-12）。这些灯具最初源于设计师探索出来的一种专利材料，当时属于 Merano 的 Heisenkeil 公司，后来经过 FLOS 公司的创新，研发出一种塑料制成的合成纤维替代材料。

Achille Castiglioni 还设计了著名的 SNOOPY 台灯（见图 1-13）。

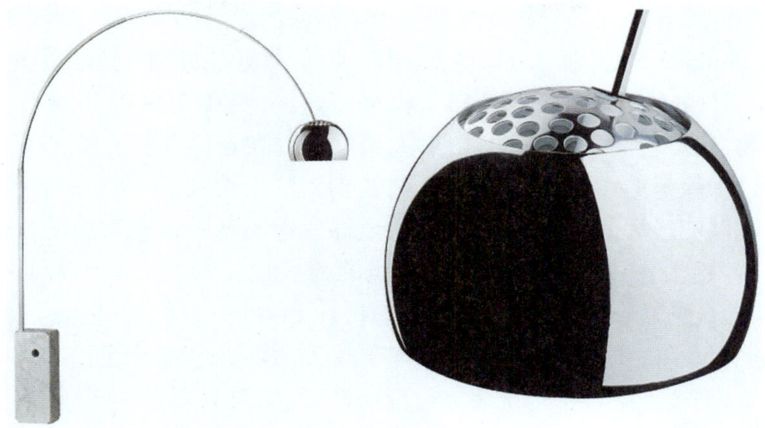

图 1-11　抛物线造型的 ARCO 灯

图 1-12　著名的蚕茧吊灯系列

图 1-13　著名的 SNOOPY 台灯

FLOS 在国际上持续走红，与它持续网罗才华横溢的设计师有关。1988 年，法国有鬼才设计师之称的 Philippe Stark 加入 FLOS，从第一支灯 Ará（牛角灯）到之后 ROSY ANGELIS（布丁灯）、Miss K、Gun（枪灯）等，都获得了市场的好评（见图 1-14）。Philippe Stark 是一个非凡的传奇人物，集流行明星、疯狂的发明家、浪漫的哲人等身份于一身，或许算得上世界上最负盛名的设计师。他的作品随处可见：从纽约别致的旅馆到 FF4900 邮购商行，从法国总统的私人住宅到欧洲最大的废物处理中心，从全球各地的咖啡馆到家庭中价值数十万的座椅和灯具，甚至包括浴室中的牙刷。用色大胆的荷兰设计师 Marcel Wanders 以及设计师 Marc Newson 等也陆续为 FLOS 设计出不少灯具，让 FLOS 一直保持灯界的领导地位。Marcel Wanders 设计 Sky Garden 吊灯的灵感来自于自己的家，现代感十足的 Sky Garden 吊灯内有石膏浮雕装饰，完美地融合了传统装饰与现代设计（见图 1-15）。

图 1-14　Philippe Stark 设计的灯具

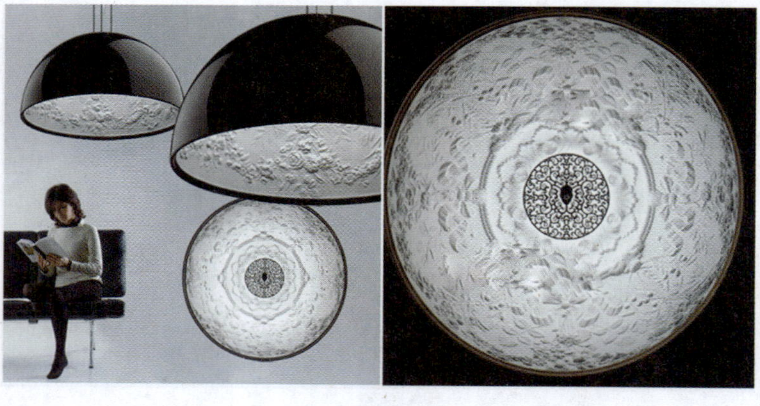

图 1-15　Sky Garden 吊灯

FLOS 的经典灯具设计如图 1-16 所示。

三、Moooi

Moooi 的名字来自于荷兰语的“美丽”（Mooi），多加了一个字母“o”，意思是再多加一点美丽。最初创办 Moooi 的目的，是为富有创造力的设计师们提供一个具有逻辑性思考的地点。因为工业设计的作品必须经过制造商的技术协调与磨炼，才能真正变成可生产的产品，

图 1-16　FLOS 的经典灯具设计

所以在设计师与制造商之间就需要进行非常细致的沟通。于是,“Moooi”这样一个探索个别设计与大量制造产品的实验所就应运而生。经过多年的发展,Moooi 品牌已经不仅仅是一个家居用品生产商,它已经成为一种风格的代表,引领着最具创造性的流行时尚。

“我们都是独立的,我们又是一个大家庭”,这是 Moooi 设计师的经典格言。Moooi 的每一位设计师,一直坚持着这种理念,通过个性的创造与世界不断进行沟通和对话。在 Moooi 的设计中,人始终是核心因素,设计师渴望在功能性之外,创造艺术氛围。人的性格、品位、喜好和感情,都完美地展现在每一件产品中。选择不同的产品,可以展示出每一个人内心的不同侧面,每一种选择都是一个全新的自己。不管何时,它都有自己的主张,让使用的人在享受它的功能性之外,也同时在消费一种观念、一种艺术。

图 1-17　马塞尔 · 万德斯

灯光是营造家居气氛的“魔术师”,也是室内最具魅力的“调情师”,不同的灯,营造着不同的氛围,却能带来同样的浪漫。一个温馨惬意的家,来源于主人自身的品位和修养以及对生活的悟性与追求。由于把握和了解了灯具的时效性、代表性的细节处理方式,Moooi 的灯具能从各方面满足高雅情调生活的需求。

Moooi 的创办人是马塞尔 · 万德斯(Marcel Wanders)(见图 1-17)。马塞尔 · 万德斯 1963 年出生于荷兰,艺术出身,1995 年决定成为一名工业设计师。1996

年 Marcel Wanders 因为 Drog Design 设计的作品“Knotted Chair”而开始被人们熟识。

马塞尔·万德斯的设计其实不算创新，他不会设计出一个你完全看不懂的怪物。他比喻自己的设计风格是将“设计原型”作为蓝图，在原型上变化出惊喜，产生让人会心一笑的 X 元素。马塞尔·万德斯的设计实用、漂亮且风格多变，多次获得国际设计奖项，并在纽约现代艺术博物馆等各大设计展会上频频亮相。

这个在自己的网站上说“设计已死”的设计大明星说：“所有该设计的东西已经设计出来了，当今的设计师很难变出个全新的东西来。我认为最近新的设计就只有 iPod 了。况且新的东西有什么好？设计师最重要是要设计出人们能认同，能跟人们沟通的东西来。”“我要从你们的头脑中盗窃你潜在的意识，为你编织出一个故事、幻想，就因为我使用的是你们已经认得的东西，所以你们的反应将更强烈！”

马塞尔·万德斯设计的灯具如图 1-18 所示。

图 1-18　马塞尔·万德斯设计的灯具

Moooi 的其他著名设计师设计的灯具如图 1-19 ~ 图 1-22 所示。

图 1-19　灯具 Raimond Lamp（设计师：Raimond Puts）

图 1-20　**灯具** Heracleum the Big O(设计师:Bertjan Pot)

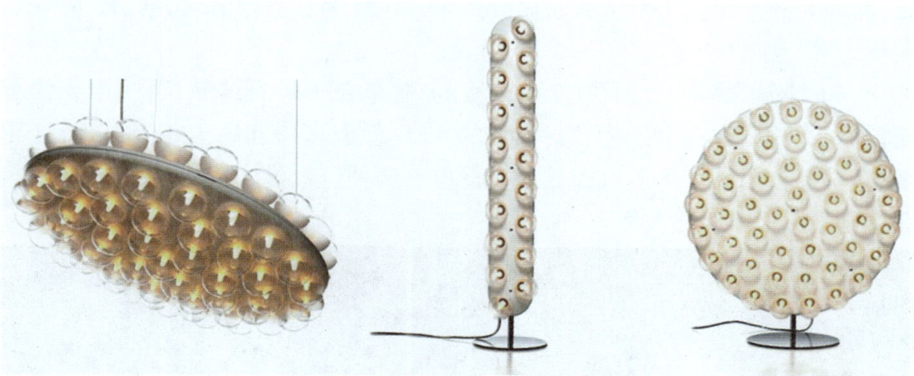

图 1-21　**灯具** Prop Light Round(设计师:Bertjan Pot)

图 1-22　**灯具** Paper Patchwork(设计师:Studio Job)

四、Qis Design

来自我国台湾,隶属于明基友达集团旗下的生活设计品牌 Qis Design,自 2009 年诞生以来仅用短短的几年时间,相继推出一系列跨界整合尖端科技与美学设计、令人目眩神迷的 LED 精品灯饰,不仅席卷 45 项各类国际设计大奖,而且以华人品牌身份首度受邀参加法国巴黎家饰展、德国法兰克福灯饰展等重大国际展会,也让称霸灯饰业界多年的欧洲品牌俯首称臣。

Qis Design 结合尖端科技与美学设计，融合理性与感性，用想象力创造新的可能性，打破传统的界限，响应消费者内心深处对于美好生活的渴望，为消费者带来惊喜无限的感官盛宴。

来自设计各领域的精英，组成 Qis Design 的消费者研究、人机界面设计、机构材质研究、工业设计、视觉设计及模型制作等团队。其凭借优异的产品设计实力，已获得多项国际设计大奖，包括德国 Red Dot、iF 及日本 Good Design Award（又称 G-mark）等。

Coral（恋滟）（见图 1-23），设计灵感来自于海中珊瑚，由一朵朵如花绽放的单元体组成，LED 光由花心透向花瓣边，营造出波光摇曳的梦幻光影。特殊的导光设计，将 LED 光导向花瓣边缘，其光影效果是传统灯泡无法做到的。该设计荣获德国 Red Dot、日本 G-mark 等多项设计大奖。

The Crystal Light（晶艳）（见图 1-24），设计灵感来自于矿石结晶，每一单元体有正六边形的钻切构面，绽放出钻石般的光芒。其结合 LED 低温多彩和磁力相吸原理，让用户可自由串接堆叠灯体，如乐高积木般有趣。遥控器控制两种灯效模式：彩虹模式与单彩模式。该设计荣获德国 Red Dot 设计大奖。

图 1-23　Coral（恋滟）

图 1-24　The Crystal Light（晶艳）

BE Light（见图 1-25），设计灵感来自于折纸艺术，是将 2D 转化为 3D 立体的工艺设计。其采用可回收铝为材质，银色款采用金属发丝处理，黑色款采用雾面喷漆处理，防刮、抗锈、环保。其桌灯款荣获德国 Red Dot、iF 及日本 G-mark 设计大奖，其立灯款荣获德国 iF 设计大奖。

Coral Reef（环礁）（见图 1-26），设计灵感来自于海洋中层层叠叠的珊瑚环礁，打造出 LED 均匀柔光环片。其桌灯款具金属质感，手工打造金属脚座，呈现出工艺之美。触控金属脚座可四段调整亮度。其立灯款具左右旋转三层环片，可自由选择亮灯环数。其桌灯款荣获德国 Red Dot 设计大奖，其立灯款荣获德国 Red Dot 与 iF 设计大奖。

图 1-25　BE Light

图 1-26　Coral Reef(环礁)

Flamenca(花舞)(见图 1-27),以佛朗明哥舞裙为设计灵感,Flamenca 在璀璨花榭舞影之间,流露出绚丽的光彩。LED 照明结合触控科技,轻触银色触控盘即可调整光效。上下双色透明亚克力与律动线条设计,创造出赏心悦目的视觉盛宴。

Aurelia(海月)(见图 1-28),以海月水母为设计灵感,圆润透明灯体,如海月水母悠游。LED 照明结合触控科技,其桌灯款可实现触控切换三段式调光:全亮、情境与小夜灯。其吊灯款可实现触控切换两段式调光。

图 1-27　Flamenca(花舞)

图 1-28　Aurelia(海月)

第二节　国内灯具产业发展概况

国内照明企业主要分布在广东、浙江、江苏、上海四省(市)，约占行业总数的90%以上。广东是目前国内室内灯具灯饰产品的最大产区，特别是中山古镇的灯饰行业发展迅猛。目前，国内灯具市场中民用家居类灯饰产品有70%以上来自中山古镇。在2002年举办的第二届古镇灯博会期间，中国轻工业联合会授予中山古镇“中国灯饰之都”称号，确定了古镇灯饰产业在国内照明行业中的地位。

除古镇外，惠州、佛山、广州也聚集了相当多的灯具灯饰产品生产企业，这些地区的企业产品与古镇不同，以室内工程类灯具产品为主。如惠州、佛山的南海以筒灯、射灯和轨道灯具为主，广州和佛山的顺德以灯盘、支架为主。浙江是除广东外的另一灯具生产集中地，以生产户外灯具为主，如道路灯具、庭院(园)灯具、草坪灯具等。江苏和上海目前的灯具生产企业也比较集中，上海和江苏常州的灯具生产企业以生产投、泛光灯具为主，江苏高邮和丹阳的灯具生产企业以生产道路灯具为主。

目前，国内灯饰企业大部分都是通过“引进”“模仿”，简单装配，在市场相对短缺的情况下，靠先动优势成长起来的，但在经济全球化、产品同质化、市场供过于求的今天，没有动态提升其价值创造力，逐步失去了竞争的优势，只能靠恶化财务成本、开展价格战苦苦挣扎。

要摆脱这种痛苦，灯饰企业必须创新求变，根据环境的变化不断地进行动态调整，沿着价值链的高端不断攀升，在微笑曲线(见图1-29)的顶部——设计和品牌上建立起优势。

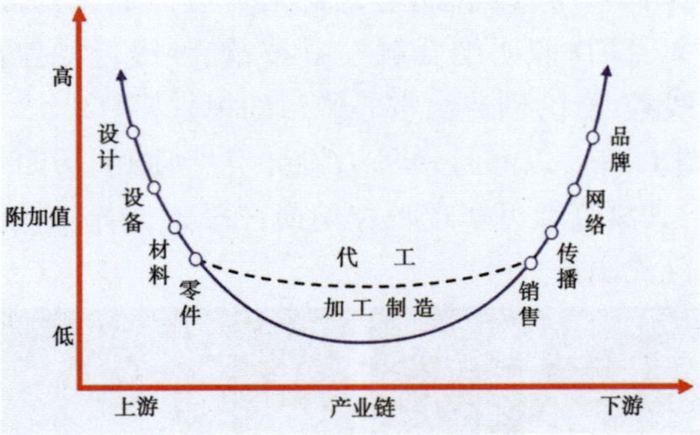

图1-29　微笑曲线

图1-30为设计策略示意图。

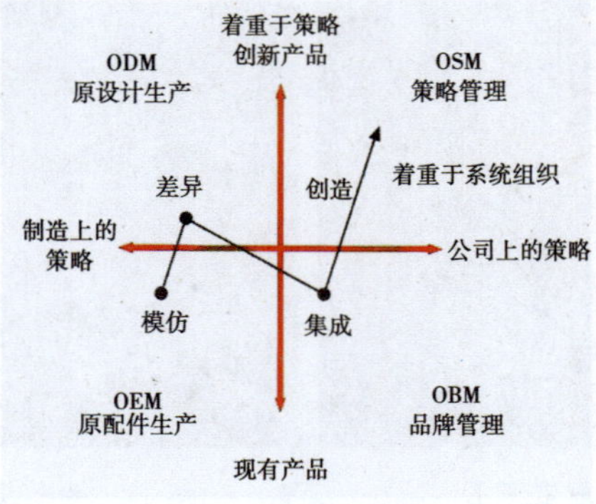

图1-30　设计策略示意图

拥抱"设计3.0时代"

目前我国经济发展已进入转型期，在从"中国制造"到"中国创造"的转变进程中，创新设计的作用越来越突出，它用独特且坚定的方式，改变着我们的生活。在第三次工业革命浪潮中，创新设计将引领以信息化和网络化为特征的绿色、智能、个性化、可分享的可持续发展文明走向。我国需要将提升创新设计能力作为促进转型发展、创新驱动、建设创新型国家的重要战略。我国设计要引领世界发展潮流，积极迈向设计3.0时代。

从人类文明的三个阶段——农耕时代、工业化时代和知识网络时代（信息网络时代）及其分别对应的自然经济、市场经济和知识网络经济三种经济形态中，可以考察研究设计发展的规律和特点。农耕时代的传统设计、工业化时代的现代设计、知识网络时代的创新设计分别可以用设计1.0、设计2.0、设计3.0来表征。过去二三十年，凡固守工业化时代设计观念的企业均止步不前，而顺应信息网络时代发展趋势的设计理念则引领企业赢得发展先机。比如诺基亚手机虽不乏优秀的工业设计，但因为没有能实现由设计2.0向设计3.0的跨越，在苹果公司引领的网络智能终端产品面前衰落，而微软、谷歌、苹果、三星、腾讯、华为、阿里巴巴等的崛起，无不是顺应了信息网络时代的特征。

设计转化到3.0时代带来了三个巨大转变。一是主体改变。设计3.0，支撑了从"给人们设计"（design to people），到"为人们设计"（design for people），到"和人们设计"（design with people），再到"由人们设计"（design by people）的转变。在这个过程中，设计的主体由专业人士越来越多地向用户和普通人转变，让更多的人具有设计能力，参与设计过程，成为设计3.0时代的重要特征。二是方式改变。信息网络时代的设计，从设计工具、设计方式到设计流程都发生了颠覆性的改变。三是产业改变。信息网络时代使得创新创业和产业转型有了新的途径。

3.0时代的设计是一个以互联网为背景的创新体系，涵盖了产业发展中的全方位与全过程，是一个打破行业界限、打破设计方法与思维界限的再造过程。这一切基于互联网技术的迅速发展才变成了可能。在设计3.0时代，纵向创新程序彻底变为一个横向跨界合作的创新程序。

信息网络时代的产品装备已不是孤立和固化的产品和装备，而是完全处于信息网络的物理空间中。云计算、大数据、3D打印与仿生等前沿技术，将变革设计研发、制造和服务过程。未来的设计必将满足和引领个性化、分布式、定制式与全球绿色智能制造服务相结合的生产方式。

简单来说，就是从设计产品逐渐转化为设计生态系统。比方说，设计一款冰箱，2.0时代的设计，讲究外观、功能、性能，但其实人们并不需要冰箱，人们需要的只是新鲜的食物，也就是说设计一种由智能冰箱带来的个性化智慧家居生活的需求被提出。在设计3.0时代，通过手机APP服务平台，用户可以"一键查杀"冰箱，对食品健康进行智能化管理。另外，冰箱还可以主动为用户推荐养生菜谱，而一旦发现缺少某些食材时，会自动生成一张购物单，用户通过电商网站就可以实现购买。即使遇到不擅长的食材，在特定的交互社区里，也能与其他朋友一起交流、学习，共同分享健康饮食心得……这些元素都共存于智能家居的生态系统中，家电制造商也因而转型为智能家居提供商。在我国，海尔等一批具有前瞻意识的企业正在积极应对和引领这种转型。

“设计 3.0 时代改变了游戏规则。不是做比别人更好的事，而是要做不一样的事。”韩国 KAIST 大学设计学教授、韩国 LG 公司前常务副总裁 Kun-Pyo LEE 对此深有体会。比如电视机设计，过去各品牌电视机的外观、功能差异较大，随着技术的发展，电视进入液晶时代，传统工业设计的空间越来越小。“因为屏幕越来越薄，已经没有设计的空间了，只能设计设计支架，要是电视机是挂在墙上的，连支架都没得设计了。”Kun-Pyo LEE 调侃说。而在设计 3.0 时代，当电视机打开时，设计才刚刚开始。电视机只是一个载体，基于电视搭建智能生活平台才是设计的重点。

设计 3.0 时代是创造新产业、新技术、新模式、新业态的时代。

第二章　灯具形态与功能设计原理

第一节　灯具形态设计原理

一、灯具形态设计的基本要素

灯具形态设计的基本要素是灯具造型设计的基础，自然万物的形态，都可以归结为点、线、面、体四种基本形态，通过对基本形态的组合，构成平面与立体的设计表现。灯具形态设计通常包括点、线、面、体、色彩、质感、光影等几个基本要素。

（一）点

在造型设计中，只要形态与它周围相比有凝聚视觉的作用，都可以称之为点。同样一个点，相对于大的背景可称作点，但相对于小的背景则失去了点的特征而成了面或体。在几何学的概念里，点是只有位置没有大小和方向的，但在造型设计中，点必须具有一定的大小、方向或面积、体积、色彩、肌理、质感等，否则就失去了存在的意义。

点在形状上并无限制。点的理想形状一般认为是圆的，如圆形（二次元的平面）或球体（三次元的立体）。但如果为椭圆形、长方形、正方形、三角形、多边形、星形及其他不规则形状等，只要它与对照物相比显得很小时，就可称作点。即使是立体的东西，在相对的条件下，感觉也是点。

从点本身的形状而言，曲线点（如圆形）饱满充实，富于运动感；而直线点，如方点则表现出坚稳、严谨，具有静止的感觉。从点的排列形式来看，等间隔排列会产生规则、整齐的效果，具有静止的安详感；变距排列（或有规则地变化）则产生动感，显示个性，形成富于变化的画面。

在灯具造型设计中，可以借助点的各种表现特征，加以适当的运用，取得很好的表现效果。点具有如下特征：

（1）相对性：点在本质上是最简洁的形状，点的体积越小，越具有点的特征（见图2-1）。

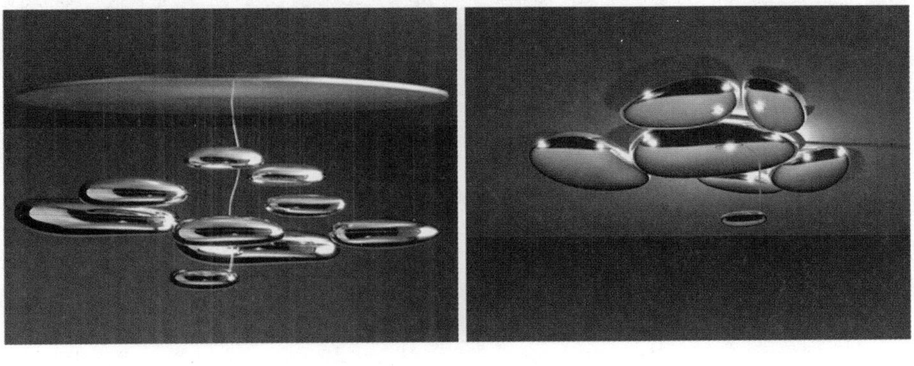

图2-1　点的相对性示意

(2)趋圆性：不同形状的点，面积越小，就越趋于圆化(见图2-2)。

图2-2　点的趋圆性示意

(3)视觉定位性：点在视觉上具有收缩感，从而形成视觉的焦点与画面的中心(见图2-3)。

图2-3　点的视觉定位性示意

(4)点的虚线性和虚面性：点的移动和组合可在视觉上产生强烈的动感，并形成虚线和虚面的特殊效果。虚线和虚面会给人结构上的空灵感，富于变化(见图2-4)。

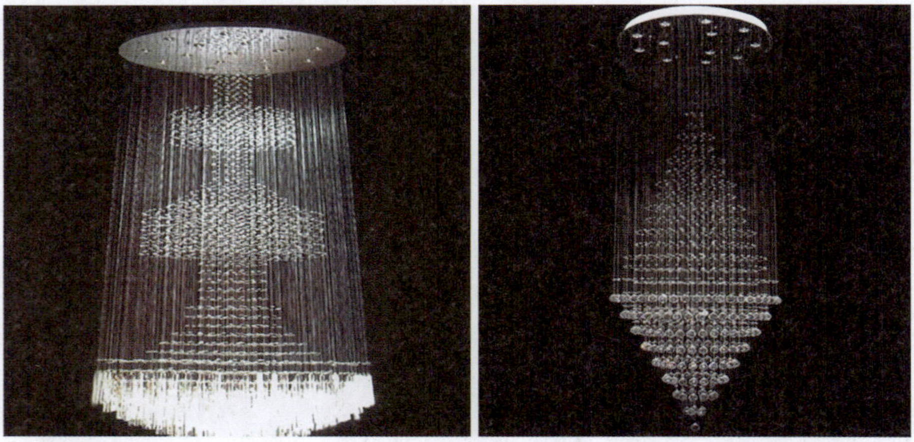

图2-4　点的虚线性和虚面性示意

(二)线

线是点运动的轨迹，又是面运动的开始，在几何学中，线只具有位置和长度，在形态学中，线还具有宽度、形状、色彩、肌理等造型属性。线可分为直线和曲线(几何曲线、自由曲线)。

直线是最简洁抽象的线型，垂直线给人以简洁、上升、张力、明确的感觉，水平线给人以稳定、扩张、延伸、广阔的感觉，斜线给人以动感、活跃感、不安定感。曲线是直线运动方向改变所形成的轨迹（相对于直线，曲线更具有动感与表现力）。几何曲线，如圆、椭圆、抛物线等，显得饱满、理智、明快、机械，有现代感、冷漠感等。自由曲线，如波浪线、弧线等，显得丰润、柔和，有人情味等。

直线与曲线造型的灯具设计如图 2-5 所示。

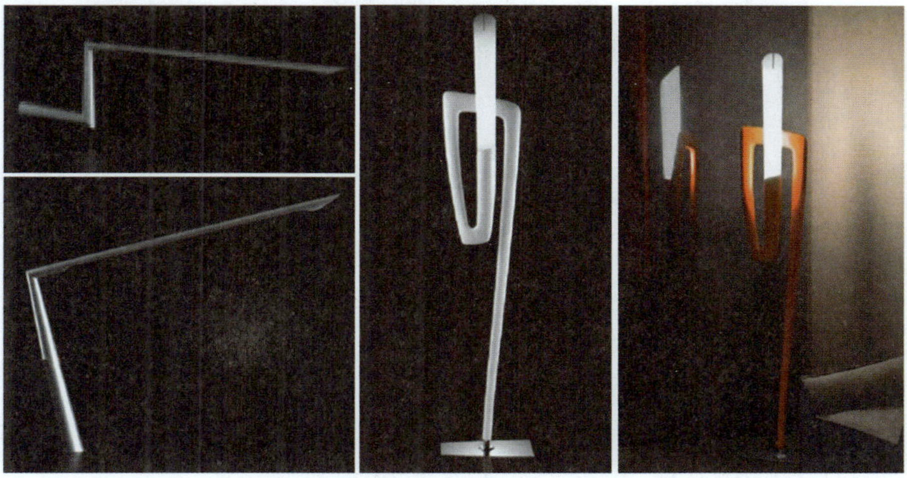

图 2-5　直线与曲线造型的灯具设计

（三）面

面是由点的扩大、点的密集、线的移动、线的加宽、线的交叉、线的包围等形成的，具有二维空间（长度和宽度）的特点。直线平行移动形成矩形面，直线回转运动形成圆形面，直线倾斜移动形成菱形面，直线沿不同支点摆动则形成扇形与双扇形等平面图形。此外，体的剖切或面的分割还可以形成更多的不同形状的面。在形态学中，面同样具有大小、形状、色彩、肌理等造型属性。

面可分为平面与曲面。平面有垂直面、水平面与斜面，曲面有几何曲面与自由曲面。平面在空间上常表现为不同的形，主要有几何形和非几何形两大类。几何形是以数学的方式构成的，包括直线形（有正方形、长方形、三角形、梯形、菱形等多边形）、曲线形（有圆形、椭圆形等）和曲直线组合形。非几何形则是无数学规律的图形，包括有机形和不规则形。有机形是以自由曲线为主构成的，它不如几何图形那么严谨，但也并不违反自然法则，它常取形于自然界的某些有机体造型。不规则形是指人有意创造或无意中产生的平面图形。

面的构成关系有分离、接触（相遇、相接）、重叠（复叠）、透叠、联合（结合）、减缺、差叠、重合，如图 2-6 所示。

不同形状的面具有各自截然不同的情感特征。

几何学构成的外形，形状规则整齐，具有简洁、明快、秩序、条理之美感，它的组合不能过于繁复，复杂的几何外形会丧失其特有的性格。正方形由垂直和水平两组线条组成，所以在任何方向都能呈现安定的秩序感，它象征着坚固、强壮、稳定、静止、正直与庄严。但正方形易使人产生单调的感觉。为了克服这一缺陷，可以通过与之配合的其他的面或线的变化来丰富造型，打破单调感。

三角形的斜线是它的主要特征，它丰富了角与形的变化，显得比较活泼。正立的三角形

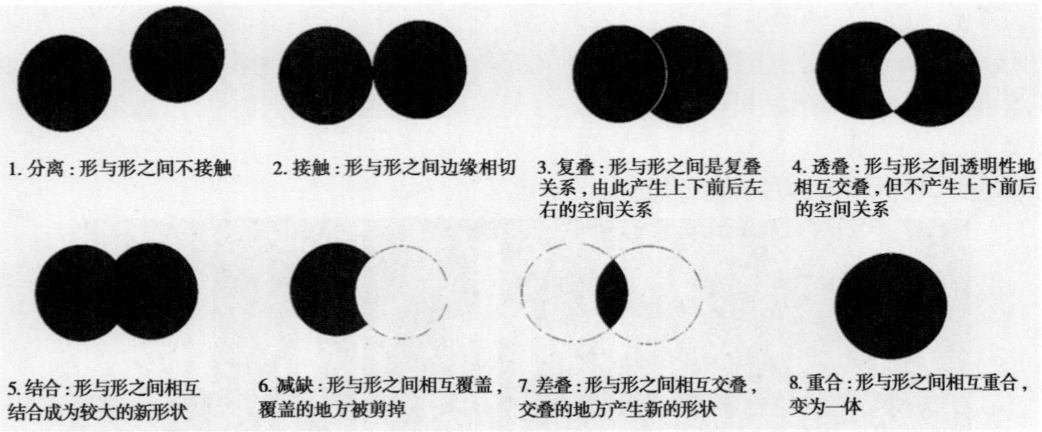

图 2-6　面的构成关系

能唤起人们对山丘、金字塔的联想，是锐利、坚稳和永恒的象征；倒置的三角形有不稳定感，但作为灯具造型总体中的一个构件，却能使人感到轻松活泼。

圆形由一条连贯的环形线所构成，具有永恒的运动感，象征着完美与简洁，同时有温暖、柔和、愉快的感觉。椭圆也给人较为明快的感觉，而且长短轴的改变会给人以缓急变化的印象，在灯具设计中运用椭圆能产生一种流畅、秀丽、温馨的感觉。

有机形具有淳朴的视觉特征，产生具有秩序的美感。通常在灯具的仿生造型设计中运用得比较多。

不规则形能根据人的思维概念，把自己的感情表现出来，其形态活泼可亲，具有温暖感。不规则形是个性化的特征，常给人以轻松活泼的感觉，在灯具中采用不规则形是仿生手法之一，会使灯具形象丰富、性格突出。

曲面温和、柔软，具有动感和很浓的亲切感。几何曲面具有理智和感情，而自由曲面则性格奔放，具有丰富的抒情效果。

面的折叠、翻转、拼接与穿插在灯具设计中的应用如图 2-7 所示。

(四)体

按几何学定义，体是面移动的轨迹，在造型设计中，体是由点、线、面围合起来所构成的三维空间(具有高度、深度及宽度或长度)。所有的体都是由面的移动、旋转或包围而占有一定的空间所形成的。

体有几何体和非几何体两大类。几何体有正方体、长方体、圆柱体、圆锥体、三棱锥体、多棱锥体和球等形态。非几何体一般指一切不规则的形体。体有以下几种构成：线材空间组合的线立体构成；面与面组合的面立体构成；固体的块立体构成；面材与线材、块立体的综合构成。体的切割与叠加还可以产生许多新的体。

体根据构成的方式不同可分为实体与虚体。由块立体构成或由面包围而成的体叫实体；由线构成，由面、线结合构成，以及具有开放空间的面构成的体称为虚体。虚体根据其空间的开放形式，又可以分为通透型、开敞型与隔透型。通透型即用线或面围成的空间，至少要有一个方向不封闭，保持前后或左右贯通；开敞型即盒子式的虚体，保持一个方向无遮挡，向外敞开；隔透型即用玻璃等透明材料围合的面，在一个或多个方向具有视觉上的开敞型的空间，也是虚体的一种构成形式。任何几何体和非几何体都可形成一定的体量感。体量是

图 2-7　面的折叠、翻转、拼接与穿插在灯具设计中的应用

指形体给人在视觉上的分量。体量大使人感到形体突出，产生力量和重量感；体量小则使人感到小巧玲珑，有亲近感。当形体呈实体时，给人以稳固牢实之感；当形体呈虚体时，则显得轻巧活泼。

灯具是由各种不同形状的立体组合构成的复合形体，在灯具立体造型中凹凸、虚实、光影、开合等手法的综合应用，可以搭配出千变万化的灯具造型。在灯具设计中要充分注意体块的虚实处理给造型设计带来的丰富变化。虚体（由面状线材所围合的虚空间）使人感到通透、轻快、空灵而具透明感；实体（由体块直接构成的实空间）给人以重量、稳固、封闭、围合性强的感受。凡是各部分之间体量虚实对比明朗的灯具，都会使人感到造型轻快、主次分明、式样突出，有一种亲切感（见图 2-8）。

（五）色彩

色彩是造型设计的基本要素之一，在灯具设计中常运用色彩以取得赏心悦目的效果。色彩的物理本质是波长不同的光，人的视觉器官可感知的光是波长在 380 ~ 780 nm 之间的电磁波。各种物体因吸收和反射光的电磁波程度不同，而呈现出赤、橙、黄、绿、青、蓝、紫等十分复杂的色彩现象。色彩既有色相、明度、纯度等属性，又有色性差异。色彩对人的生理、心理产生特定的刺激作用，具有情感属性，形成色彩美。如红色通常显得热烈奔放、活泼热情、兴奋振作；蓝色显得宁谧、沉重、郁悒、悲哀；绿色显得冷静、平稳、清爽；白色显得纯净、洁白、素雅、哀怨；黄色显得明亮、欢乐等。

图 2-8　体的虚实对比

色彩在灯具设计中的应用如图 2-9 所示。

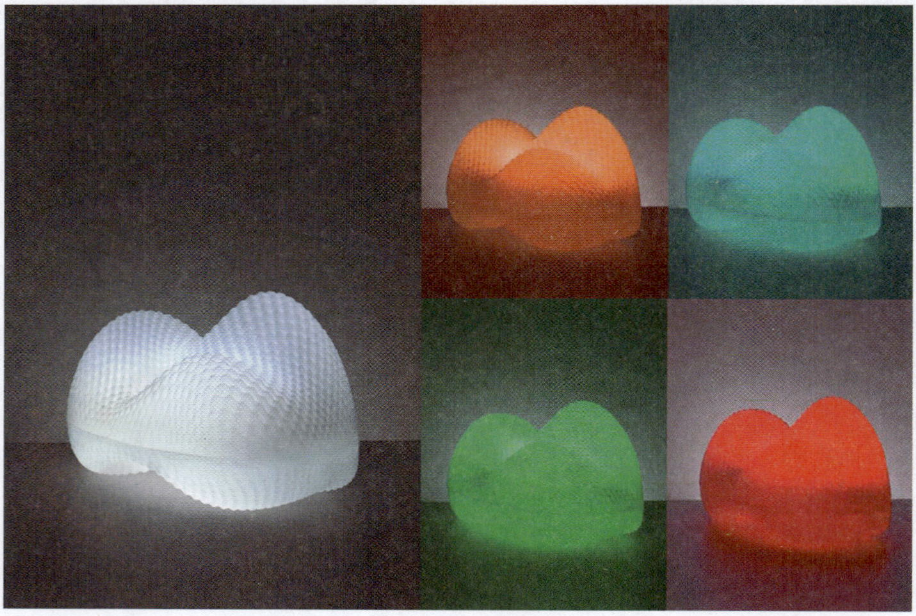

图 2-9　色彩在灯具设计中的应用

（六）质感

材料的质感是指材料给人的感觉和印象，是人对材料的主观感受，是人的感觉系统因生理刺激对材料作出的反映或由人的知觉系统从材料的表面特征得出的信息，是人们通过感觉器官对材料得出的综合印象。不同的材料具有不同的质感，如金属的硬、冷、重，木材的韧、温、软，塑料的软、密、轻，织物的软、细、暖，玻璃的晶莹剔透等。不同质感的材料在灯具设计中的应用如图 2-10 所示。

质感有两种基本类型：一是触觉质感，在触摸时可以感觉出材质（肌理）的粗细、疏密、软硬、轻重、凹凸、糙滑、冷暖等，触觉质感是真实的；二是视觉质感，即用眼睛看到的暗淡与光亮、有光与无光、光滑与粗糙、有纹与无纹等，视觉质感可能是一种错觉，但也可能是真实

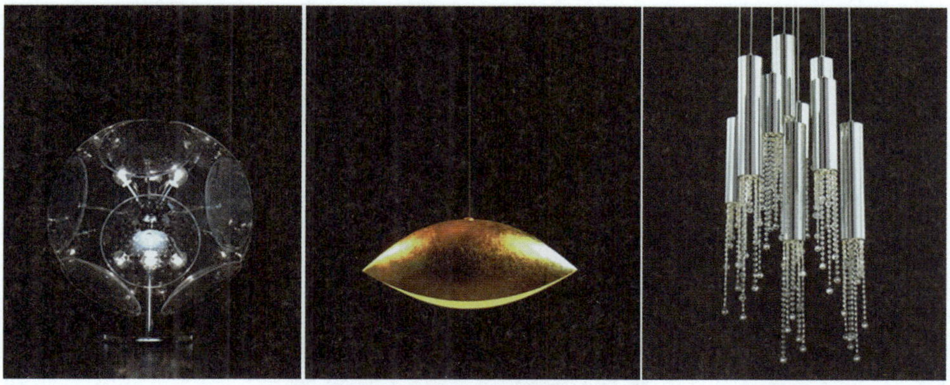

图 2-10　不同质感的材料在灯具设计中的应用

的。通常,触觉质感均能给人以视觉质感,但视觉质感无法通过触摸去感受,而是由视觉感受引起触觉经验的联想来产生触觉质感。因此,质感是人们触觉和视觉紧密交织在一起而感觉到的。

每种材料都具有自己独特的质感(见图 2-11)。

图 2-11　灯具材料的不同质感

质感设计在灯具造型设计中具有重要的地位和作用,良好的质感设计可以决定和提升产品的真实性和价值性,使人充分体会产品的整体美学效果。如木材的不同表面肌理质感给人以不同的视觉感受(见图 2-12)。

在灯具设计中,良好的触觉质感设计,可以提高产品的适用性。如各种灯具的操作表面有凹凸细纹或覆盖橡胶材料,具有明显的触觉刺激,易于操作使用,有良好的适用性(见图 2-13)。

良好的人为质感设计可以替代或弥补自然质感的不足,可以节约大量珍贵的自然材料,达到产品整体设计的多样性和经济性。例如,灯具设计中,在树脂、铸铁、塑料等表面进行电镀涂装,赋予材质新的视觉特性,达到经济性与实用性的统一(见图 2-14)。大胆地选用各种新材料,充分挖掘材料的表达潜力,并运用一些反常规的手段加工处理材料,出人意料地把差异很大的材料组合在一起,往往能创造出令人惊喜的、全新的产品风格。

图 2-12　木材的不同表面肌理质感给人以不同的视觉感受

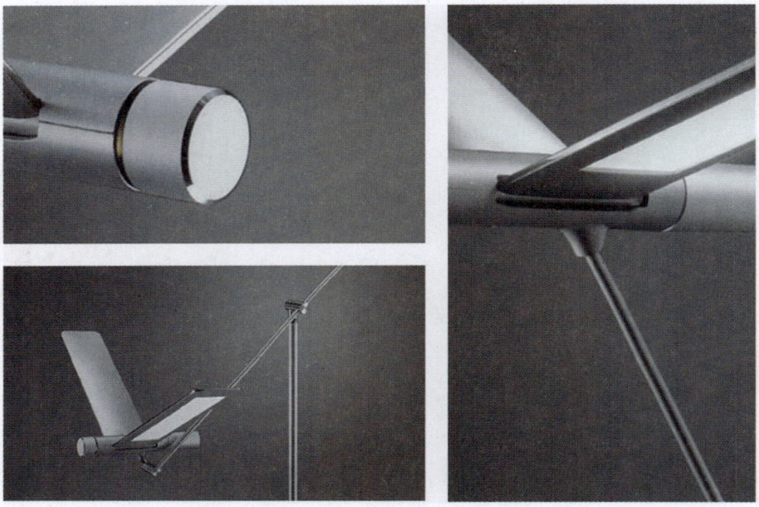

图 2-13　灯具的旋钮部分采用磨砂处理，增强适用性

图 2-14　欧式灯具在树脂材料的表面进行电镀涂装给人以不同的视觉感受

质感设计应遵守以下法则。

1. 调和法则

调和法则就是使灯具设计各部位的表面质感和谐统一(见图 2-15)。

图 2-15　灯罩粗糙的质感与灯杆和底座的喷漆亚光质感和谐统一

2. 对比法则

对比法则就是使灯具设计各部位的表面质感有对比的变化,形成材质的对比、工艺的对比。材质的对比虽不会改变产品造型的形体变化,但它具有较强的感染力,使人产生丰富的心理感受。质感的对比,使人感到鲜明、生动、醒目、振奋、活跃。同一形体中,使用不同的材料可构成材质的对比(见图 2-16),如使用人造材料与天然材料、金属材料与非金属材料等,形成光滑与粗糙、亚光与无光、坚硬与柔软、华丽与朴素、沉重与轻盈、规则与杂乱等对比。使用同一种材料也可对其表面进行各种处理,以产生不同的质感效果而形成对比。

图 2-16　灯罩的纺织面料质感与亚光的金属质感形成对比

3. 主从法则

在灯具的质感设计中要有重点,突出中心,主从分明,不能搞平均主义。如果在某一灯具设计上所用材料主辅不分,各自为政,那就必然显得杂乱无章,不伦不类。灯具设计的重点由功能与结构等内容决定,是表现造型特征的关键部位,即主体部位,也可以是视觉观察中心。主体在造型中起着决定作用,客体起着烘托作用,两者应互相衬托,融为一体,这是取得造型完整性、统一性的重要手段。质感的重点处理,可以形成视觉中心和高潮,没有主从的质感设计,会使产品的造型显得呆板、单调。

图 2-17 所示为金属底座形成小面积的对比。

图 2-17　金属底座形成小面积的对比

在灯具设计中，对可见部位、常触部位、主要部位，如灯罩、灯臂、底座等应做良好的视觉质感与触觉质感的设计，加工工艺要精良；对不可见部位、少触部位、次要部位就应从简处理。用材质的对比来突出重点，常用非金属衬托金属，用轻盈的材质衬托沉重的材质，用粗糙的材质衬托光滑的材质。

图 2-18 所示为灯罩材质与灯体形成主从对比。

图 2-18　灯罩材质与灯体形成主从对比

4. 适合法则

各种材质有各自明显的个性，在质感设计中应充分考虑到材质的功能和价值，使质感与适用性相符（见图 2-19）。

质感设计是灯具设计中的一个重要方面，它充分发挥了材料在灯具设计中的能动作用，是一个合理选择材料、创造性地组合各种材料的过程，是对灯具设计的技术性和艺术性的先期规划，是一个合乎设计规范的“认材—选材—配材—理材—用材”的有机过程。

（七）光影

光影是由光线照射在非透明或半透明物体上，在物体的背光面留下的黑色或灰色空间，物体会因形状的不同而产生不同的阴影，不同的光产生不同明度的阴影。光的存在，为视觉环境的呈现奠定了坚实的基础。人们常常注重光的存在，却忽视了影的作用，其实光与影并非是相对或独立的两个概念，而是彼此依存、相辅相成的二元现象。没有了光，影又从何而来？同样，缺少了影，光欲传达与营造的效果和氛围便会失色，甚至让光线显得苍白无力。

图 2-19　灯柱的金属部分除形成材质对比外还非常适合手的抓握

光影元素在灯具设计中的表现如图 2-20 所示。

图 2-20　光影元素在灯具设计中的表现

二、灯具形态设计的美学法则

美是一种客观的价值，美可以给人们带来愉悦的感受。对美感的向往是人之本性，而美感的创造需要智慧。在复杂的自然界与人造环境中，富藏有力的结构、韵律、色彩和纹理，这些都可以成为感人至深的美的呈现。

形式美是指构成事物的外在属性（如形、色、质等）及其组合关系所呈现出来的审美特性，它是人类在长期的劳动中所形成的审美意识。任何事物都是以某种形式存在的，但不一定都是美的，只有这种形式具有相对独立的审美价值或表现内容，并与内容有机地结合为一个整体时，它才可能显现出形式美。

形式美是美的大门，也是学习美学知识的先导。因此，学习和掌握形式美的基本规律十分必要，它能帮助我们提高审美鉴赏能力和创造能力。形式美法则是人们长期对现实生活中美的形式的探索和总结，它体现了形式在美的事物组合中构成必然的内在联系，是人们公认的基本规律。在灯具设计中必须遵循这些基本规律，但也不能死搬硬套，而要根据不同的对象、不同的条件灵活运用。

形式美的基本法则有比例与尺度、对称与均衡、节奏与韵律、统一与变化、稳定与轻巧、对比与调和、过渡与呼应、主从与重点、比拟与联想、单纯与和谐等。

（一）比例与尺度

比例，指形体自身各部分的大小、长短、高低在度量上的比较关系，一般不涉及具体量值。比例是人们在长期的生活实践中所创造的一种审美度量关系。合理的比例能使产品更适合人的心理与生理的需求，实现优化产品的功能，且具有和谐的视觉感受。在比例学说上，影响最大、实践中运用得最多的是黄金分割比例。此外，还有均方根比例、整数比例、相加级数比例、人体模度比例等。

0.618 或 1.618，这两个数字你是否觉得似曾相识？这其实是一个数学比例关系，即把一条线段分为两部分，此时短段与长段之比恰恰等于长段与整条线之比，其数值比为 1∶1.618或0.618∶1（见图 2-21）。

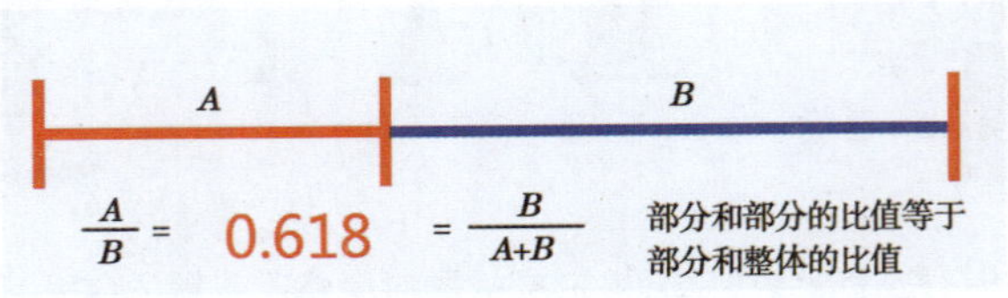

图 2-21　黄金分割比例

黄金分割比例由公元前 6 世纪古希腊数学家毕达哥拉斯发现，后来古希腊美学家柏拉图将此称为黄金分割。黄金分割在未被发现之前，在客观世界中就存在，只是人们在揭示了这一奥秘之后，才对它有了明确的认识。当人们从黄金分割这一角度再来观察自然界时，惊奇地发现原来在自然界的许多优美的事物中都能看到它，如植物叶片、花朵、雪花、五角星等。另外，许多动物的身体结构中也存在着丰富的黄金分割比例。

图 2-22 所示为鹦鹉螺曲线中的黄金分割。

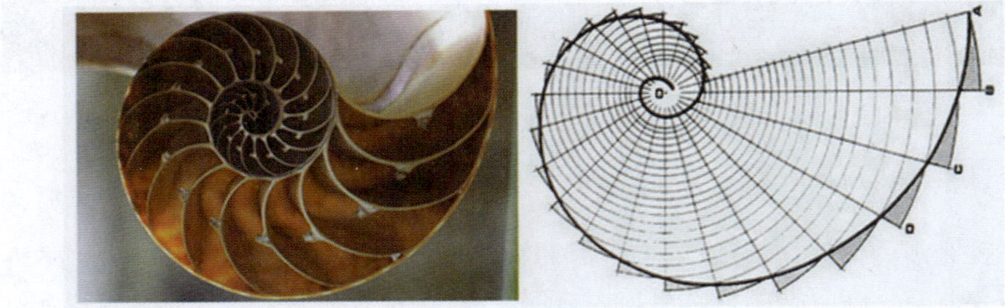

图 2-22　鹦鹉螺曲线中的黄金分割

黄金分割长方形本身是由一个正方形和一个黄金分割的长方形组成的，可以将这两个基本形状进行无限的分割。由于它自身的比例能对人的视觉产生适度的刺激，它的长短比例正好符合人的视觉习惯，因此使人感到悦目。

图 2-23 所示为苹果的标志设计与黄金分割长方形。

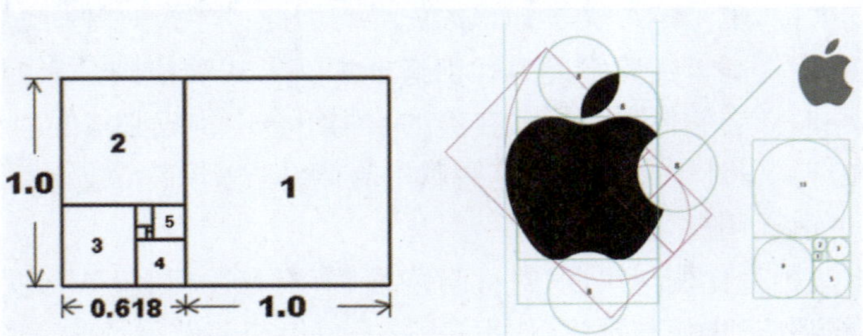

图 2-23　苹果的标志设计与黄金分割长方形

人体模度比例是以人体尺度为基础，选定人的上身手臂、头顶、脐、下垂手臂四个部位作为基准点，测出它们与地面的标定距离分别为226、183、113、86(单位为cm)，利用这四个基本尺寸，再分别标出相应的其他数值，即形成两套弗波纳齐奇数，在这些数值中分别包含着黄金分割比例(70:113=1:1.618)、近似相加级数比例(27:43:70:113:183)等比例关系。

具有完美比例的人体的身高与伸展开的手臂的长度是相等的。人体的高度与伸展开的手臂的长度形成了一个正方形将人体围住，而手和脚正好落在以肚脐为圆心的圆上。在此体系中，人体在腹股沟处被等分为两个部分，肚脐则位于黄金分割点上(见图2-24)。

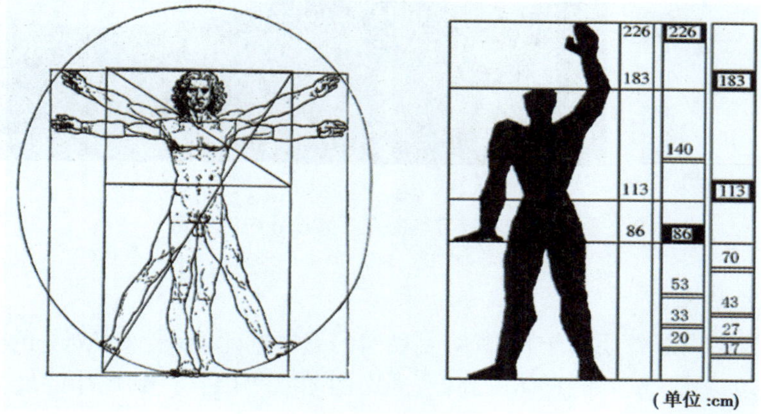

图2-24　完美的人体比例

尺度是指产品的整体、局部的构件与人的习惯标准、使用生理相适应的大小关系，即产品与人的比例关系。尺度必须与人的生理结构、心理特点相配合，如台灯的光源与工作面的距离必须与人的尺度相配合(见图2-25)，吊灯的高度必须与室内空间和人的尺度相配合。

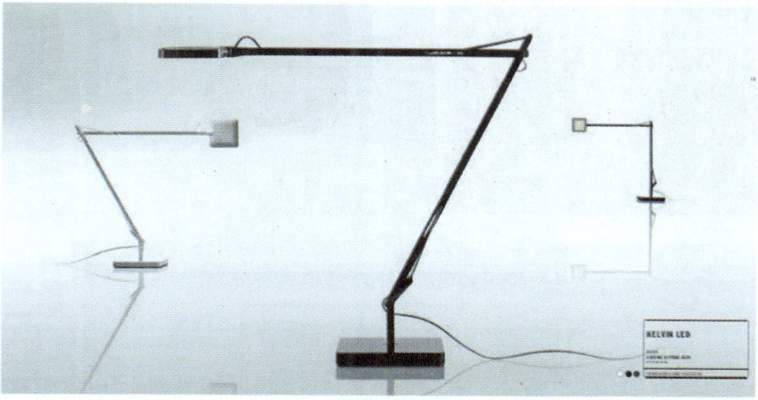

图2-25　台灯的尺度必须符合人的使用习惯，与人的尺度相配合

比例和尺度是相辅相成的关系，应综合考虑、分析和研究。通常先确定尺度，再推敲比例关系，当比例与尺度不相适应时，尺度应在允许的范围内做适当调整。

(二)对称与均衡

视觉形态的平衡关系，可以分为以静感为主导的平衡形式和以动感为主导的平衡形式两种。对称是以形象和色彩在不同位置上的相同来求得统一的。均衡是形体在不同位置上的量与力在视觉心理上的平衡，以求得内在的统一。对称(绝对的统一)主要是指在形状、质量、面积、位置上的统一平衡。均衡(变化的统一)是指量等形不等，是视觉心理上的平衡,稳定力学上的不平衡。均奇与对称是同义词,均奇是等量等形,对称有时等量不等形。均奇与平衡是图案形象的外貌状态,一般是以固定的中心向不同的方向发展的等量等形或者等量不等形的表现。所谓固定的中心就是依据中轴线出现的形式——这种形式在视觉上保持平衡,产生安定的效果。

对称与均衡在灯具设计中的应用如图 2-26 所示。

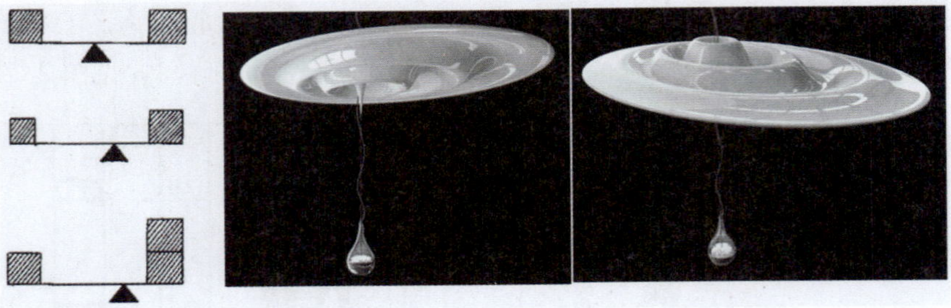

图 2-26　对称与均衡在灯具设计中的应用

(三)节奏与韵律

节奏是指造型内部各要素作有规律、有秩序的重复排列,形成整齐划一的美感形式。线条的流动、色彩的深浅或间断、形体的高低、光影的明暗等因素作有规律的反复、重叠,都能形成节奏感。富有节奏感的造型更具条理性、一致性与连续性。图 2-27 所示为相同元素的重复形成节奏感。

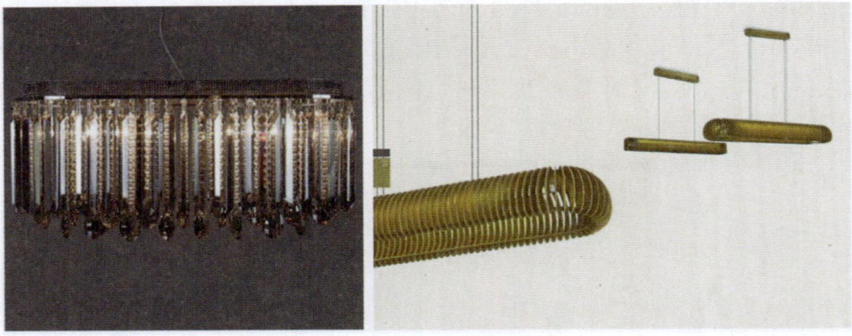

图 2-27　相同元素的重复形成节奏感

韵律是一种周期性的律动作有组织的变化或有规律的重复。它是在节奏的基础上,赋予情调的作用,使节奏具有强弱起伏、悠扬缓急的情调。节奏是韵律的条件,韵律是节奏的深化。图 2-28 所示为水晶灯设计的韵律感。

(四)统一与变化

统一是指灯具造型的各个部分之间具有一定的呼应、关联和秩序特征,形成一种一致的或具有一致趋势的规律。造型元素统一有利于增加形体的条理性,体现出秩序、和谐、整体的美感,同时也有利于灯具产品的标准化、通用化和系列化。但是,过分的统一会使造型显得刻板单调,缺乏艺术的视觉张力。

因此,在灯具造型设计的过程中,适当地寻求变化会使造型内部各元素之间产生一定的差异性, 克服呆滞、沉闷感,使形体具有动感(见图 2-29)。但是,过度的变化将导致造型零

图 2-28　水晶灯设计的韵律感

乱琐碎，造成视觉上的不稳定、不统一感。

图 2-29　在统一的基础上适当寻求变化产生动感

研究、探索形式美的法则，能够培养人们对形式美的敏感度，指导人们更好地去创造美的事物。掌握形式美的法则，能够使人们更自觉地运用形式美的法则表现美的内容，达到美的形式与美的内容的高度统一。

当运用形式美的法则进行创造时，首先要透彻领会不同形式美的法则的特定表现功能和审美意义，明确欲求的形式效果，之后再根据需要正确选择适用的形式法则，从而构成适合需要的形式美。形式美的法则不是凝固不变的，随着美的事物的发展，形式美的法则也在不断发展。因此，在美的创造中，既要遵循形式美的法则，又不能犯教条主义的错误，生搬硬套某一种形式美法则，而要根据内容的不同，灵活运用形式美法则，在形式美中体现创造性特点。

第二节　灯具功能设计原理

一、灯具设计光学基础知识

（一）光的本质

光的本质是一种电磁波，波长在 380 ~ 780 nm 之间的电磁波能够引起人们的视觉，所以将这一范围之内的电磁波叫作可见光。光的各个波长区域如图 2-30 所示。

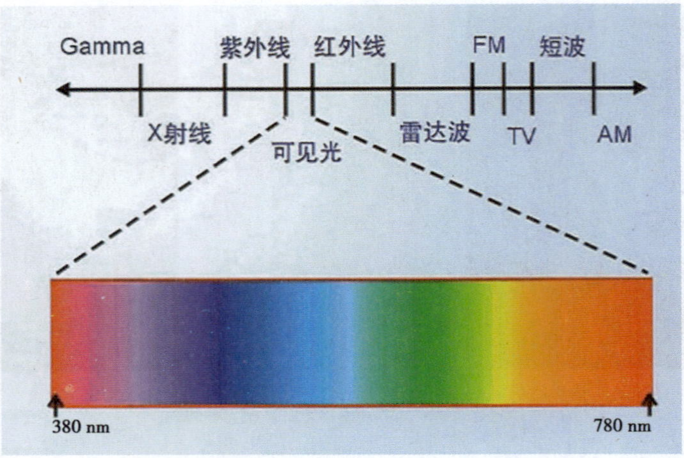

图 2-30　光的各个波长区域

(二)光的传播

光的传播可以归纳为以下两种情况:

(1)光线在均匀透明介质中的传播:光线在均匀透明介质中按直线传播。

(2)光线在两种均匀介质分界面上的传播:若一束光线投射在两种介质的分界面上,其中一小部分光线在分界面上被反射到原来的介质,称为反射光线;另一部分光线透过分界面进入第二种介质,并改变原来方向,称为折射光线。反射和折射光线的传播规律,就是反射和折射定律(见图 2-31)。

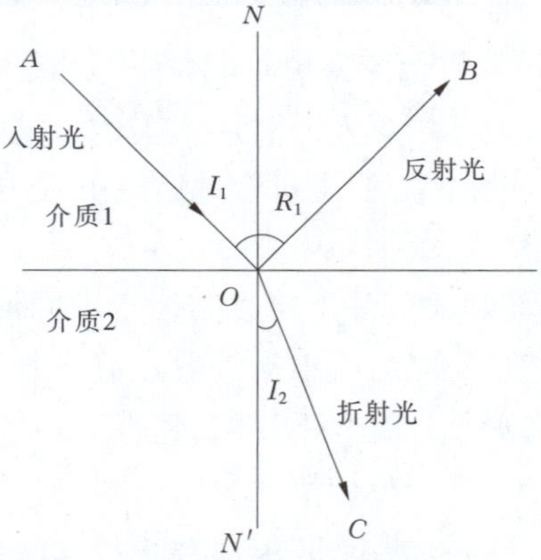

图 2-31　光线的反射与折射定律

(三)光度量及单位

光度量用来描述人的视觉系统主观上感受到的那部分光辐射能的强度。常用的光度量有光通量、发光效率、发光强度、光照度和光亮度。

1. 光通量

光源在单位时间内发出的光量称为光源的光通量,以 Φ 表示,单位为流明(lm)。它是根据辐射对标准观察者的作用导出的光度量,明确定义为能够被人眼视觉系统所感受到的那部分辐射功率的大小。

2. 发光效率

光源的光通量 Φ 与该光源所消耗的电功率 P 之比称为光源的发光效率(简称光效),

以 η 表示，单位为 lm/W。

3. 发光强度

光源在给定方向的单位立体角中发射的光通量称为光源在该方向的发光强度（简称光强），以 I 表示，单位为坎德拉（cd）。

4. 光照度

光照度（简称照度）表征被照物体表面被照射的程度，它是单位面积接收到的光通量。照度的符号为 E，单位为勒克斯（lx）。

5. 光亮度（简称亮度）

光亮度是指光源在某一方向的亮度，即光源在该方向上的单位投影面在单位立体角中发射的光通量。亮度以 L 表示，单位为坎德拉每平方米（cd/m^2）。

光度量示意图如图 2-32 所示。

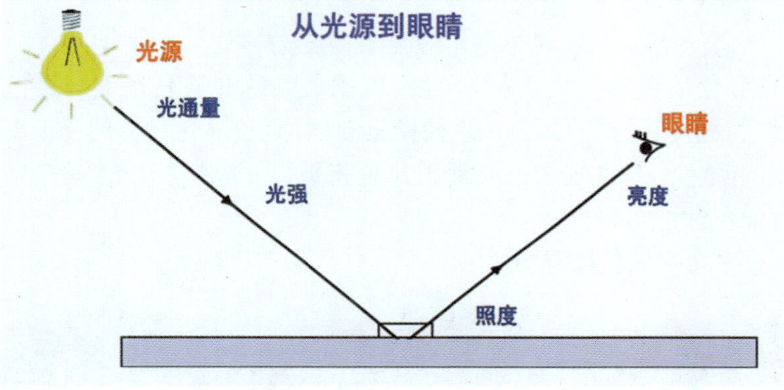

图 2-32　光度量示意图

（四）光源的色温与显色性

色温（Color Temperature）是表示光源光色的尺度，单位为 K（开尔文）。光源的颜色常用色温这一概念来表示。光源的色温是通过对比它和理论的热黑体辐射体的色彩来确定的，在黑体辐射中，随着温度不同，光的颜色各不相同，黑体呈现出红—橙红—黄—黄白—白—蓝白的渐变过程。热黑体辐射体与光源的色彩相匹配时的开尔文温度就是那个光源的色温。不同色温对照见图 2-33。

色温值	颜色	色彩感觉
<3 000 K	温暖型（带红的白色）	稳重、温暖
3 000 ~ 5 000 K	中间型（白色）	爽快
>5 000 K	清凉型（带蓝的白色）	冷

图 2-33　不同色温对照

不同的色温会给人不同的视觉感受（见图 2-34），高色温光源照射下，如亮度不高，则给人一种阴冷的气氛；低色温光源照射下，如亮度过高，会给人一种闷热的感觉。在同一空间使用两种光色相差很大的光源，其对比将会出现丰富的层次效果，当光色对比大时，在获得亮度层次的同时，又可获得光色的层次。

图 2-34　不同色温的视觉感受

光源对物体颜色呈现的程度称为显色性，也就是颜色的逼真程度。显色性高的光源对颜色的再现较好，我们所看到的颜色也就较接近自然原色；显色性低的光源对颜色的再现较差，我们所看到的颜色偏差也较大。通常用显色指数（*Ra*）来表示光源的显色性，光源的显色指数愈高，其显色性能愈好。

图 2-35 所示为光源显色性对照。

图 2-35　光源显色性对照

二、常见光源的分类

发射（可见）光的物体叫作（可见）光源，光源可分为自然光源与人造光源，太阳是人类最重要的自然光源。人造光源按发光原理可分为热辐射光源、气体放电光源、电致发光光源。

热辐射光源是利用热辐射来发光的，电流流经导电物体，使之在高温下辐射光能。热辐射光源包括白炽灯和卤钨灯两种。

气体放电光源是电流流经气体或金属蒸气，使之产生气体放电而发光的光源。气体放电有弧光放电和辉光放电两种，放电电压有低气压、高气压和超高气压 3 种。弧光放电光源包括荧光灯、低压钠灯等低气压气体放电灯，高压汞灯、高压钠灯、金属卤化物灯等高气压气体放电灯，超高压汞灯等超高气压气体放电灯，以及碳弧灯、氙灯、某些光谱光源等放电气压跨度较大的气体放电灯。辉光放电光源包括利用负辉区辉光放电的辉光指示光源和利用正柱区辉光放电的霓虹灯，二者均为低气压放电灯；此外还包括某些光谱光源。

电致发光光源是在电场作用下,使固体物质发光的光源。它将电能直接转变为光能,包括场致发光光源和发光二极管两种。

常见光源如图 2-36 所示。

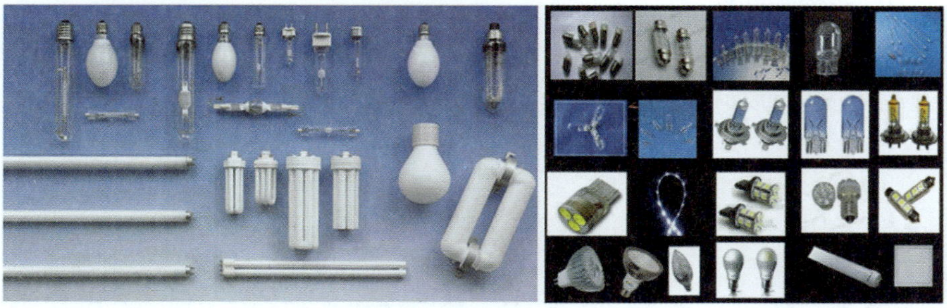

图 2-36　常见光源

(一)热辐射光源

1. 白炽灯

白炽灯是爱迪生于 1879 年首先试制成功的热辐射光源,他选择熔点高的碳做材料,制成碳丝,密封在抽成真空的玻璃管内,通以电流,碳丝就发热发光。由于碳易挥发,工作温度不能超过 2 100 K。后来,选用熔点稍低于碳,但不易挥发的钨作材料,工作温度可达 2 400 K,从而提高了发光效率。

特点:显色性好($Ra=100$)、开灯即亮、可连续调光、结构简单、价格低廉,但寿命短、光效低。

用途:居室、客厅、大堂、客房、商店、餐厅、走道、会议室、庭院等照明。

运用方式:台灯、顶灯、壁灯、床头灯、走廊灯。

一般钨丝的种类与形状如图 2-37 所示。

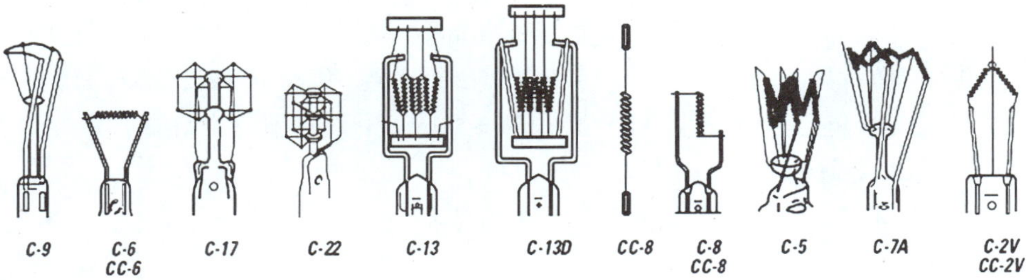

图 2-37　一般钨丝的种类与形状

2. 卤钨灯

卤钨灯是填充气体内含有部分卤族元素或卤化物的充气白炽灯。在普通白炽灯中,灯丝的高温造成钨的蒸发,蒸发的钨沉淀在玻壳上,产生灯泡玻壳发黑的现象。1959 年发明了卤钨灯,利用卤钨循环的原理消除了这一发黑的现象。为了使灯壁处生成的卤化物处于气态,卤钨灯的管壁温度要比普通白炽灯高得多。相应地,卤钨灯的玻壳尺寸就要小得多,必须使用耐高温的石英玻璃或硬玻璃。由于玻壳尺寸小,强度高,灯内允许的气压就高,加之工作温度高,故灯内的工作气压要比普通充气灯泡高得多。在卤钨灯中钨的蒸发受到更有力的抑制,同时卤钨循环消除了玻壳的发黑现象,灯丝工作温度和光效大为提高,而且灯的寿命也得到相应延长。

特点:卤钨灯具有普通照明白炽灯的全部优点,且光效和寿命比普通照明白炽灯提高一倍以上,且体积小。

用途:会议室、展览展示厅、客厅、商场、影视舞台、仪器仪表、汽车、飞机照明以及其他特殊照明。

常见卤钨灯的封装形状如图 2-38 所示。

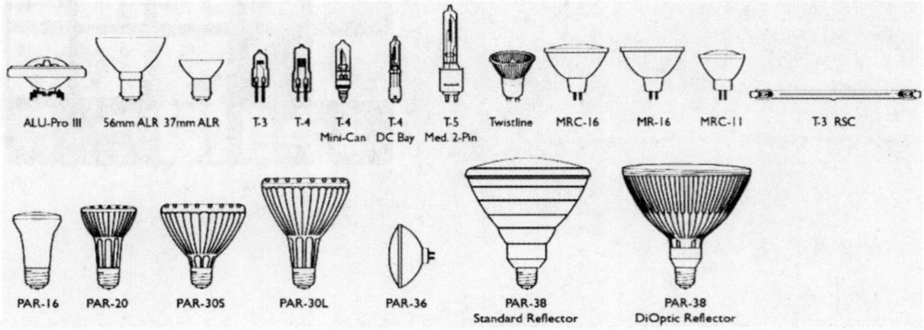

图 2-38　常见卤钨灯的封装形状

(二)气体放电光源

1. 低气压气体放电灯

1)荧光灯(俗称日光灯)

特点:光效高、寿命长、光色好。

传统型荧光灯即低压汞灯,是利用低气压的汞蒸气在通电后释放紫外线,从而使荧光粉发出可见光,因此它属于低气压弧光放电光源。1974 年,荷兰人菲利浦首先研制成功能够发出人眼敏感的红、绿、蓝三色光的荧光粉。三基色(又称三原色)荧光粉的开发与应用是荧光灯发展史上的一个重要里程碑。荧光灯有直管型、环型、紧凑型等,是应用范围十分广泛的节能照明光源。用直管型荧光灯取代白炽灯,可节电 70% ~90%,使寿命延长 5 ~10 倍;对直管型荧光灯进行升级换代,可节电 15% ~50%;用紧凑型荧光灯取代白炽灯,可节电 70% ~80%,使寿命延长 5 ~10 倍。

常见紧凑型荧光灯的封装形状如图 2-39 所示。

2)低压钠灯

特点:发光效率特高、寿命长、光通维持率高、透雾性强,但显色性差。

用途:隧道、港口、码头、矿场等照明。

低压钠灯是利用低压钠蒸气放电发光的电光源,在它的玻璃外壳内涂以红外线反射膜,是光衰较小和发光效率最高的电光源。低压钠灯发出的是单色黄光,用于对光色没有要求的场所,但它的透雾性表现得非常出色,特别适合于高速公路、交通道路、市政道路、公园、庭院照明,能使人清晰地看到色差比较小的物体。低压钠灯也是替代高压汞灯节约用电的一种高效灯种,应用场所也在不断扩大。

2. 高气压气体放电灯

1)高压汞灯

特点:寿命长、成本相对较低。

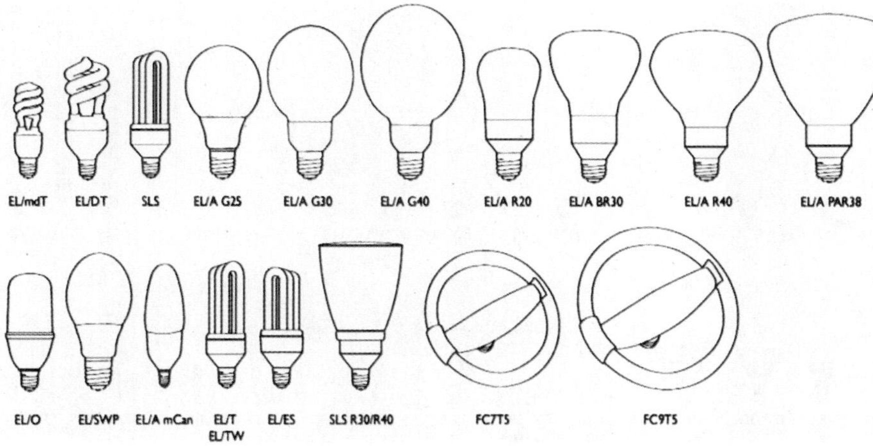

图 2-39　常见紧凑型荧光灯的封装形状

用途:道路照明、室内外工业照明、商业照明。

2)高压钠灯

高压钠灯是一种高压钠蒸气放电灯,其放电管采用抗钠腐蚀的半透明多晶氧化铝陶瓷制成,工作时发出金白色光。它广泛用于道路、机场、码头、车站、广场及工矿企业照明,是一种理想的节能光源。

特点:发光效率高(光效可达 120 lm/W)、寿命长、透雾性强,缺点是显色指数低。

用途:道路照明、泛光照明、广场照明、工业照明等。

3)金属卤化物灯

金属卤化物灯是在高压汞灯和卤钨灯工作原理基础上发展起来的新型高效光源,其基本原理是将多种金属以卤化物的方式加入到高压汞灯的电弧管中,使这些金属原子像汞一样电离、发光。汞弧放电决定了它的电性能和热损耗,而充入灯管内的低气压金属卤化物决定了灯的发光性能。充入不同的金属卤化物,可以制成不同特性的光源。

特点:寿命长、光效高、显色性好。

用途:工业照明、城市亮化工程照明、商业照明、体育场馆照明以及道路照明等。

常见金属卤化物灯的封装形状如图 2-40 所示。

4)陶瓷金属卤化物灯

特点:性能优于一般金属卤化物灯。

用途:商场、橱窗、重点展示及商业街道照明。

(三)电致发光光源

1. LED 光源

LED 是英文 Light Emitting Diode(发光二极管)的缩写。50 多年前人们已经了解半导体材料可产生光线的基本知识。第一个商用二极管产生于 1960 年。LED 的结构及发光原理:它的基本结构是一块电致发光的半导体材料,置于一个有引线的架子上,然后四周用环氧树脂密封,起到保护内部芯线的作用,所以 LED 的抗震性能好。发光二极管的核心部分是由 P 型半导体和 N 型半导体组成的晶片,在 P 型半导体和 N 型半导体之间有一个过渡层,称为 PN 结。在某些半导体材料的 PN 结中,注入的少数载流子与多数载流子复合时会把多余的

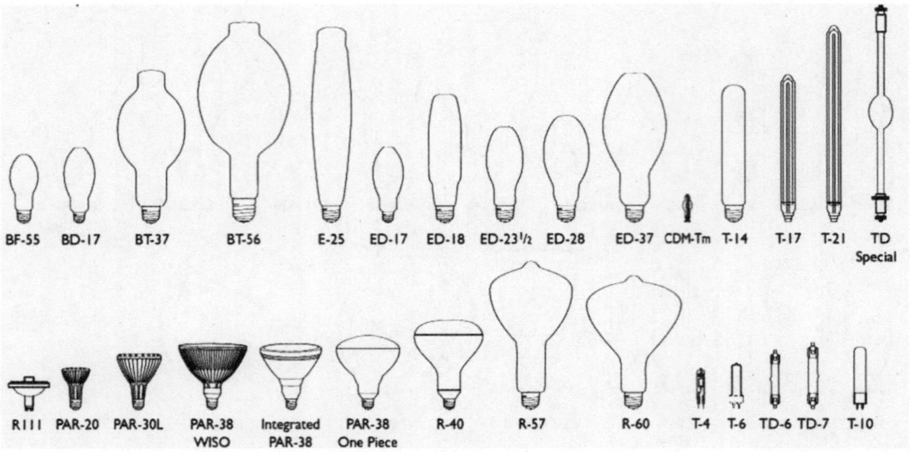

图 2-40　常见金属卤化物灯的封装形状

能量以光的形式释放出来，从而把电能直接转换为光能。给 PN 结施加反向电压时，少数载流子难以注入，故不发光。这种利用注入式电致发光原理制作的二极管叫发光二极管，通称 LED。当它处于正向工作状态（两端加上正向电压），电流从 LED 阳极流向阴极时，半导体晶体就发出从紫外到红外不同颜色的光，光的强弱与电流有关。

以 LED 为光源设计的台灯如图 2-41 所示。

图 2-41　以 LED 为光源设计的台灯

LED 光源的特点如下：

电压：LED 使用低压电源，供电电压在 6 ~ 24 V 之间，根据产品不同而异，比使用高压电源更安全，特别适用于公共场所。

效能：消耗能量较同光效的白炽灯减少 80%。

适用性：每个单元 LED 小片是边长为 3 ~ 5 mm 的正方形，所以可以制备成各种形状的器件，并且适合于易变的环境。

稳定性：工作 10 万 h，光衰为初始的 50%。

响应时间：白炽灯的响应时间为毫秒级，LED 灯的响应时间为纳秒级。

环保性：无有害金属汞。

颜色：改变电流可以变色，可方便地通过化学修饰方法，调整发光二极管材料的能带结构和带隙，实现红、黄、绿、蓝、橙多色发光。如小电流时为红色，随着电流的增大，可以依次变为橙色、黄色，最后变为绿色。

价格：LED 的价格比较昂贵，几只 LED 的价格就可以与 1 只白炽灯的价格相当，而通常每组信号灯要由 300～500 只 LED 构成。

2. OLED 光源

有机发光显示屏由非常薄的有机材料涂层和玻璃基板构成。当有电荷通过时，这些有机材料就会发光。OLED 发光的颜色取决于有机发光层的材料，故厂商可通过改变发光层的材料而得到所需颜色。有源阵列有机发光显示屏具有内置的电子电路系统，因此每个像素都由一个对应的电路独立驱动。OLED 具备构造简单、不需背光板、对比度高、厚度薄、视角广、反应速度快、可用于挠曲性面板、使用温度范围广等优点。

以 OLED 为光源设计的灯具如图 2-42 所示。

图 2-42　以 OLED 为光源设计的灯具

OLED 为自发光材料，不需背光板，同时视角广、反应速度快、较易彩色化、用简单驱动电路即可发光、制作简单、可用于挠曲性面板，符合轻薄短小的原则，应用范围属于中小尺寸面板。

显示特点：主动发光、视角范围大；响应速度快，图像稳定；亮度高、色彩丰富、分辨率高。

工作条件：驱动电压低、能耗低，可与太阳能电池、集成电路等相匹配。

适应性：采用玻璃衬底可实现大面积平板显示；如用柔性材料作衬底，能制成可折叠的显示器。由于 OLED 是全固态、非真空器件，具有抗震荡、耐低温（－40 ℃）等特性，在军事方面也有十分重要的应用，如可用作坦克、飞机等现代化武器的显示终端。

OLED 的优势如下：

（1）厚度可小于 1 mm，仅为 LCD（液晶显示器）屏幕的 1/3，并且重量也更轻。

（2）采用固态结构，没有液体物质，因此抗震性能更好，不怕摔。

（3）几乎无可视角度问题，在很大的视角下观看，画面仍然不失真。

（4）响应时间是 LCD 的千分之一，显示运动画面时绝对不会有拖影现象。

（5）低温特性好，在－40 ℃下仍能正常显示，而 LCD 则无法做到。

（6）制造工艺简单，成本更低。

（7）发光效率更高，能耗比 LCD 要低。

（8）能够在不同材质基板上制造，可做成能弯曲的柔软显示器。

OLED 的劣势如下：

(1)寿命通常只有 5 000 h,要低于 LCD 至少 1 万 h 的寿命。

(2)不能实现大尺寸屏幕批量生产,因此目前只适用于便携的数码类产品。

三、常用灯具的组成和分类

(一)灯具的组成

灯具,是指能透光、分配和改变光源光分布的器具,包括除光源外所有用于固定和保护光源所需的全部零部件,以及与电源连接所必需的线路附件。

典型的灯具包含如下装置:①光源;②控光部件;③固定和保护光源的机械装置;④使光源燃点并控制光源的电气附件;⑤固定灯具的机械装置。

1. 光源

根据使用光源大小,中心发光点或燃点将光充分整合以便获得需要的照射面。光源的选择尽量适合需求,避免需求过剩而不节能。另外,灯具的设计应尽量提高光源的最大利用率,从而提高灯具效率(装饰及气氛照明器具除外)。

2. 控光部件

1)反射器

铝是最常见的灯具反射器材料。一般反射方式有镜面反射、定向扩散、漫反射。反射器的设计要考虑反射材料的反射系数、反射分布形状,同时要考虑合适的反射曲面的构成、反射器起始角和截止角的大小、光中心与反射器顶点的距离,还要考虑光源尺度的影响。对于要求光效高、方向性好的灯具可采用镜面反射材料。对于光线要求柔和的灯具可采用扩散反射材料。对于眩光控制要求高的灯具可采用较大的截止角。对于光输出分布比较规则的灯具可选择合适的特种几何曲面,如抛物面、椭球面等。对于光输出分布各向不均匀的灯具(如汽车前灯),就要采用复杂的曲面,甚至是自由曲面。

常见的灯具反射器类型如图 2-43 所示。

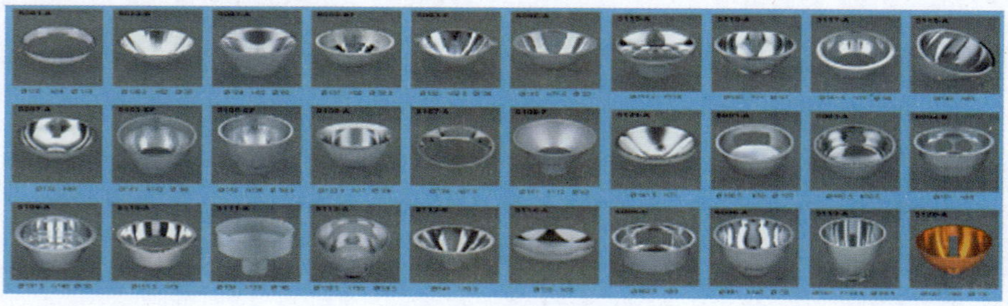

图 2-43　常见的灯具反射器类型

2)折射器

折射器利用光的折射原理将透光材料做成灯具元件,改变光线的发射方向,获得合理的光分布。常用的折射器有凸透镜、凹透镜。折射器的设计要考虑折射材料的折射系数、分光能力,同时也要考虑合适的折射曲面的构成。一般折射方式有透镜折射、平板折射、棱镜折射和棱锥折射,选择合适的折射方式和控制折射单元的几何参数是灯具折射器设计的关键。

常见的灯具折射器(透镜)如图 2-44 所示。

3)漫射器

漫射器指某种可用以反射或散射光源所发出光线的装置。漫射器可以使光源发出的光

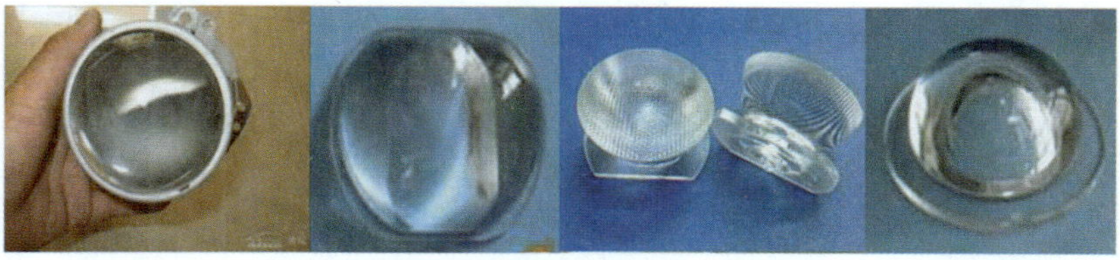

图 2-44 常见的灯具折射器(透镜)

变柔和,降低眩光,但同时也会降低光效。常见的漫射器如 LED 灯具的扩散板(见图 2-45)等。

图 2-45 LED 灯具的扩散板

4)遮光器

遮光器的作用主要是增大灯具的遮光角,减少眩光。常见的有荧光灯灯具的挡板和百叶格栅。

5)滤光器

滤光器是能滤掉复合光中其他波长的光,仅透过所需波长范围的光的光学器件。

(二)灯具的分类

1. 按防触电保护形式分类

灯具可分为 0、Ⅰ、Ⅱ、Ⅲ共四类,级别越高,越能满足防触电的需要。

0 类:保护依赖基本绝缘——在易触及的部分及外壳和带电体间的绝缘,适用安全程度高的场合,且灯具安装、维护方便。如空气干燥、尘埃少、木地板等条件下的吊灯、吸顶灯(轨道安装的灯具不应划为 0 类)。

Ⅰ类:除基本绝缘外,易触及的部分及外壳有接地装置,以提高安全程度,一旦基本绝缘失效,不致有危险,用于金属外壳灯具,如投光灯、路灯、庭院灯等。

Ⅱ类:除基本绝缘外,还有补充绝缘,做成双重绝缘或加强绝缘,不采用保护(接地)连接,安全程度高,适用于环境差、人经常触摸的灯具,如台灯、手提灯等。

Ⅲ类:采用安全特低电压(SELV),且灯内不会产生高于此值的电压,此类灯具安全程度最高,用于恶劣环境,如机床工作灯、儿童用灯等。

从电气安全角度看,0 类灯具的安全程度最低,Ⅰ、Ⅱ类较高,Ⅲ类最高。有些国家已不允许生产 0 类灯具。在进行照明设计时,应综合考虑使用场所的环境、操作对象、安装和使用位置等因素,选用合适类别的灯具。在使用条件或使用方法恶劣场所应使用Ⅲ类灯具,一般情况下可采用Ⅰ类或Ⅱ类灯具。

2. 按防尘、防固体异物和防水等级分类

该分类由字母“IP”和两个特征数字组成的标志来表示。其中,第一位特征数字指对固体异物包括对人和尘埃的防护能力,第二位特征数字指对水的防护能力。例如:防护等级IP65的灯具表示能防止尘埃进入灯具内部及确保任何方向的喷水都不造成有害影响。灯具的IP防护等级如图2-46所示。

IP等级说明					
表示灯具防尘、防止外物侵入的等级			表示灯具防湿气、防水侵入的密闭程度		
0	无保护		0	无保护	
1	防止尺寸超过50 mm的固体进入之保护	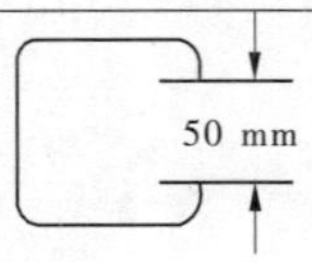	1	防止垂直滴落水滴之保护	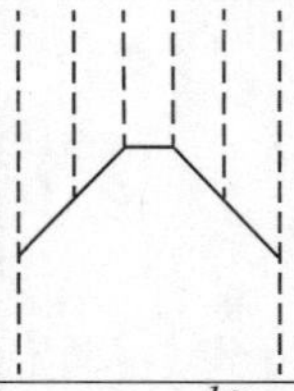
2	防止尺寸超过12 mm的固体进入之保护	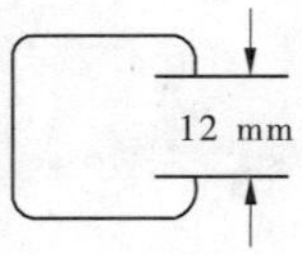	2	防止最大倾斜15°滴落水滴之保护	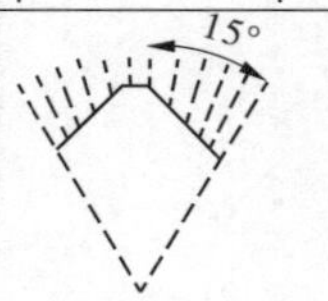
3	防止尺寸超过2.5 mm的固体进入之保护	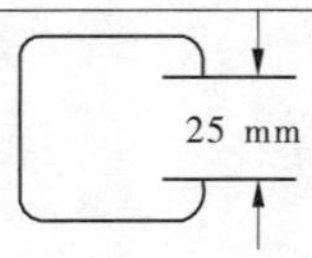	3	防止雨水或垂直夹角小于60°方向所喷射之水	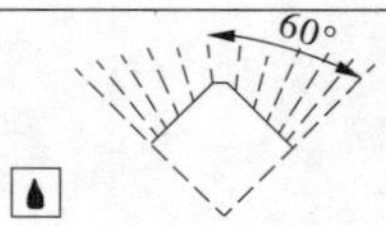
4	防止尺寸超过1 mm的固体进入之保护	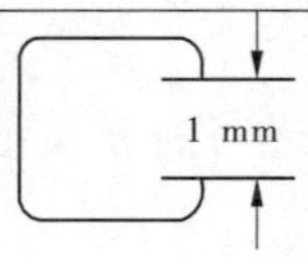	4	防止喷溅水滴之保护	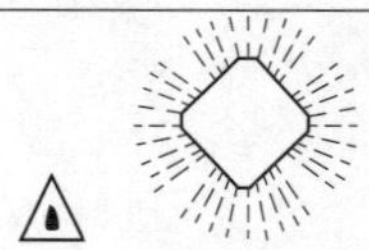
5	无法完全防止灰尘侵入,但侵入灰尘量不会影响灯具正常运作	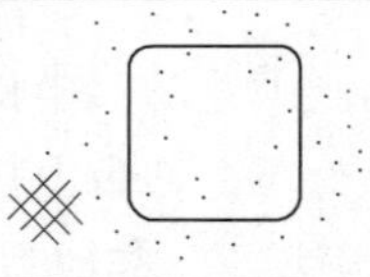	5	防止大浪或喷水孔急速喷出的水侵入	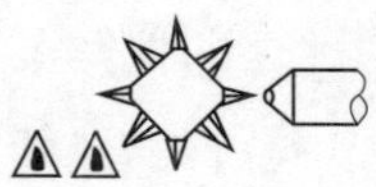
6	防止灰尘进入之完全保护(绝尘)	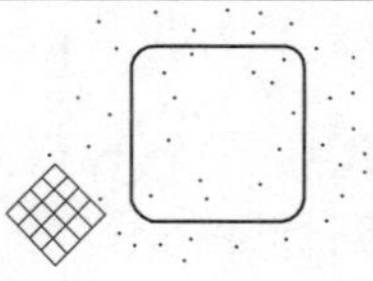	6	猛烈海浪或强烈喷水时进入外壳的水量不应达到有害程度	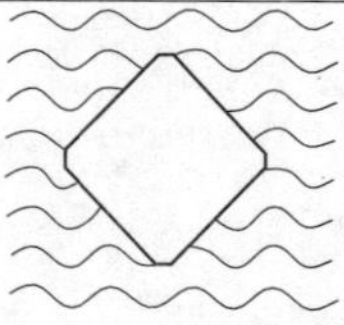
			7	防止在特定压力及时间条件下浸泡之保护	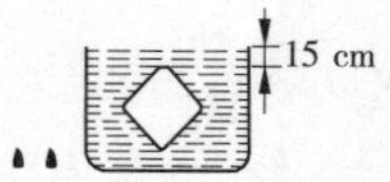
			8	防止沉没时水的侵入,在指定水压的状况下,能确保不因进水而造成损坏	

图2-46　灯具的IP防护等级

3. 按灯具设计的支承面材料分类

按灯具设计的支承面材料分类,灯具可分为3类:

(1)可移动式灯具和手提灯。

(2)适宜于安装在普通可燃材料表面的固定式灯具。

(3)仅适宜于安装在非可燃材料表面的固定式灯具。

灯具支承面材料分类如图2-47所示。

分类	描述	举例
普通可燃材料	材料的引燃温度至少为200 ℃,并且在此温度时该材料不致变形或强度降低	木材和厚度大于2 mm的以木材为基质的材料
非可燃材料	不能助燃的材料	金属、灰浆和混凝土
易燃材料	不能划分为普通可燃材料或非可燃材料的材料	木纤维和厚度不大于2 mm的以木料为基质的材料
可燃材料	用加热到50 ℃的镍铬灼热丝进行试验,样品的任何火焰或燃烧物若在移开灼热丝30s后仍未熄灭则为可燃材料	泡沫塑料、可燃板材等

图2-47 灯具支承面材料分类

4. 按光通量分布分类

根据灯具向上、下两个半球发出的光通量的比例,将一般室内照明分为5类:直接照明、半直接照明、均匀漫射(直接-间接)照明、半间接照明和间接照明。

灯具按光通量分布分类如图2-48所示。

照明方式	光强分布图例	光照上方分布(%)	光照下方分布(%)	举例
直接照明	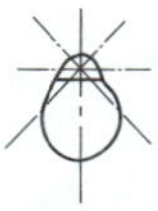	0~10	90~100	射灯
半直接照明	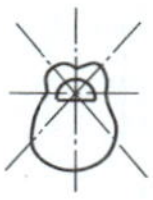	10~14	60~90	吊灯
均匀漫射照明	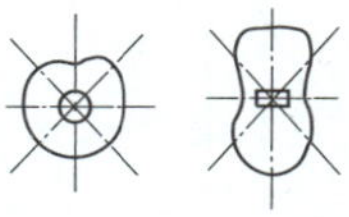	40~60	40~60	球形灯
半间接照明		60~90	10~40	门灯
间接照明	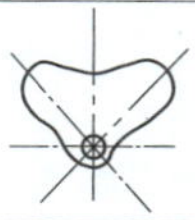	≥90	≤10	壁灯

图2-48 灯具按光通量分布分类

5. 按应用场所分类

按应用场所分类，可分成居住空间照明、办公室照明、商业照明、景观照明、体育场馆照明、道路照明、工矿照明、应急照明等类型。

6. 按灯具的安装方式分类

按安装方式分类，可分成嵌入式、吸顶式、悬挂式、壁灯、落地式、台式、可移式等类型。

7. 按灯具所使用的光源分类

按灯具所使用的光源分类，可分为白炽灯、荧光灯、HID 灯（高强度气体放电灯）、LED 灯等类型。

四、灯具的配光与眩光控制

（一）灯具的配光

使用灯具是为了照明，照明是把光有目的地分布在需要的对象上，而配光就是为了某种照明目的对灯具发出的光进行强度的配置。

任何灯具在空间各方向上的发光强度都不一样，可以用数据或图形把照明灯具发光强度在空间的分布状况记录下来，这种数据图形就是配光曲线。

因为大部分灯具的形状是轴对称的旋转体，其发光强度在空间的分布也是轴对称的，所以通过灯具的垂直轴线取任一平面，以该平面内的光强分布曲线来表明照明灯具在整个空间的光强分布就够了。如果照明灯具发光强度在空间的分布是不对称的，例如长条形的荧光灯具，需要用若干测光平面的光强分布曲线来说明空间光分布。这时可以取与灯具长轴相垂直的通过灯具中心下垂线的平面为 C0°平面，与 C0°平面垂直且通过灯具中心下垂线的平面为 C90°平面。至少要用 C0°、C90°两个平面的光强分布说明非对称灯具的空间配光（见图 2-49）。

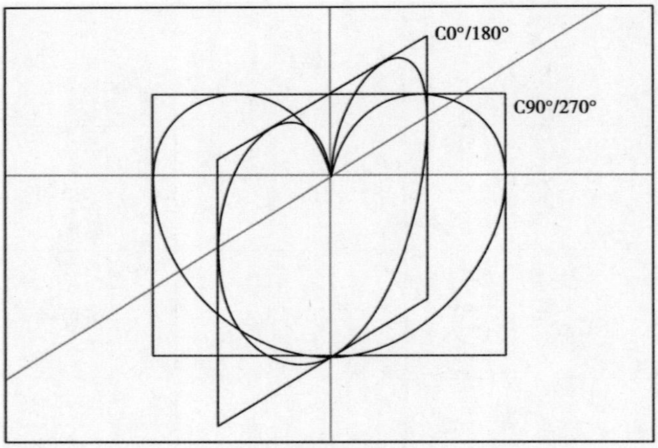

图 2-49　灯具配光平面示意图

为了便于对各种照明灯具的光分布特性进行比较，通常我们统一规定以光通量为 1 000 lm 的假想光源来提供光强分布数据。因此，实际光强应是测光资料提供的光强值乘以光源实际光通量与 1 000 lm 之比。

照明灯具的光强分布是利用灯具的反光罩、透光棱镜、格栅或散光罩控制灯光实现的。

反射罩是灯具的基本控光部件，它的反射比越高，规则反射越强，控光能力越显著。阳极氧化或抛光氧化铝、不锈钢板是常用的镜面反射材料。按照反射定律规则对铝反射罩的几何形状、尺寸进行周密设计，安装时注意光源精确定位，便能获得各种需要的光分布。格栅主要起遮蔽光源、减少直接眩光的作用。透过格栅的光分布一般比较狭窄。

配光曲线一般有三种表示方法：一是极坐标法，二是直角坐标法，三是等光强曲线法。

1. 极坐标配光曲线

在通过光源中心的测光平面上，测出灯具在不同角度的光强值。从某一方向起，以角度为函数，将各角度的光强用矢量标注出来，连接矢量顶端的曲线就是照明灯具极坐标配光曲线。如果灯具有旋转对称轴，则只需用通过轴线的一个测光面上的光强分布曲线就能说明其光强在空间的分布；如果灯具在空间的光分布是不对称的，则需要若干测光平面的光强分布曲线才能说明其光强的空间分布状况。

下面我们来看支架灯的配光曲线（见图 2-50）。

T 为 C0°/180°水平面配光；A 为 C90°/270°水平面配光。

C 表示的是水平面的角度，C0°/180°组成了一个剖面，T 就表示光在这个剖面上的分布情况。在支架灯中，C0°/180°一般被定义为垂直于灯管方向的剖面。同理，A 表示光在 C90°/270°剖面上的分布情况。如图 2-50 所示，知道了 T 和 A 两条曲线表示的剖面后，我们来看看每条曲线是如何得到的。极坐标的原点（同心圆圆心处）为灯具发光面的中心；每个同心圆表示一个光强值，越靠外圈光强越大（中间垂直方向的数值）；图中的各个角度值就是这个剖面上的垂直角度，向下方向被定义为 0°。

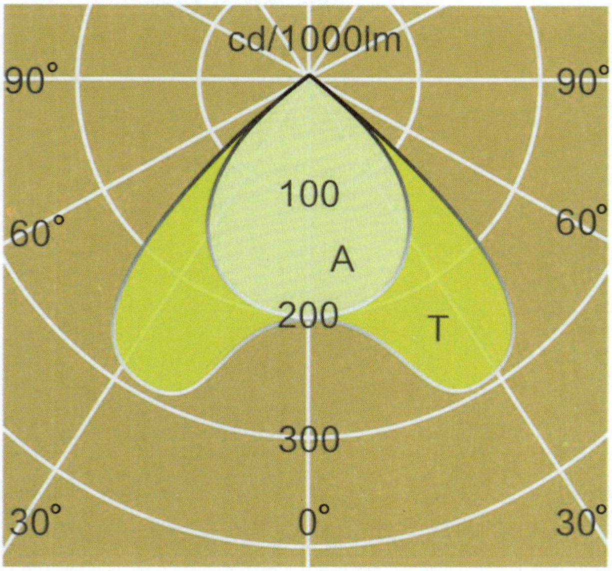

图 2-50　支架灯的配光曲线

2. 直角坐标配光曲线

对于聚光型灯具，由于光束集中在十分狭小的空间立体角内，很难用极坐标来表达其光强的空间分布状况，就采用直角坐标配光曲线表示法，以竖轴表示光强，以横轴表示光束的投射角，如果是具有对称旋转轴的灯具则只需一条配光曲线来表示，如果是不对称灯具则需多条配光曲线来表示（见图 2-51）。

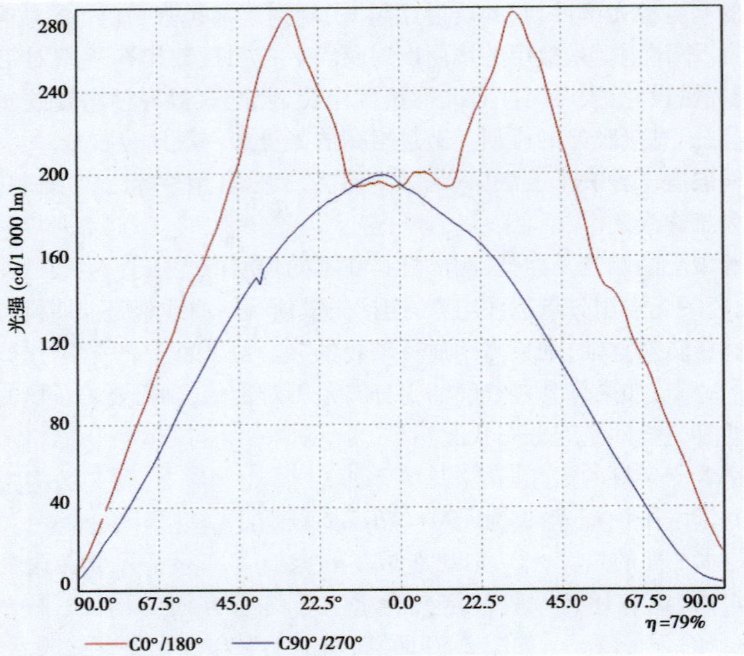

图 2-51　直角坐标配光曲线

3. 等光强曲线图

将光强相等的矢量顶端连接起来的曲线称为等光强曲线,将相邻等光强曲线的值按一定比例排列,画出一系列等光强曲线所组成的图称为等光强曲线图(见图 2-52),常用的图有圆形网图、矩形网图与正弧网图。由于矩形网图既能说明灯具的光强分布,又能说明光量的区域分布,所以目前投光灯具采用的等光强曲线图都是矩形网图。

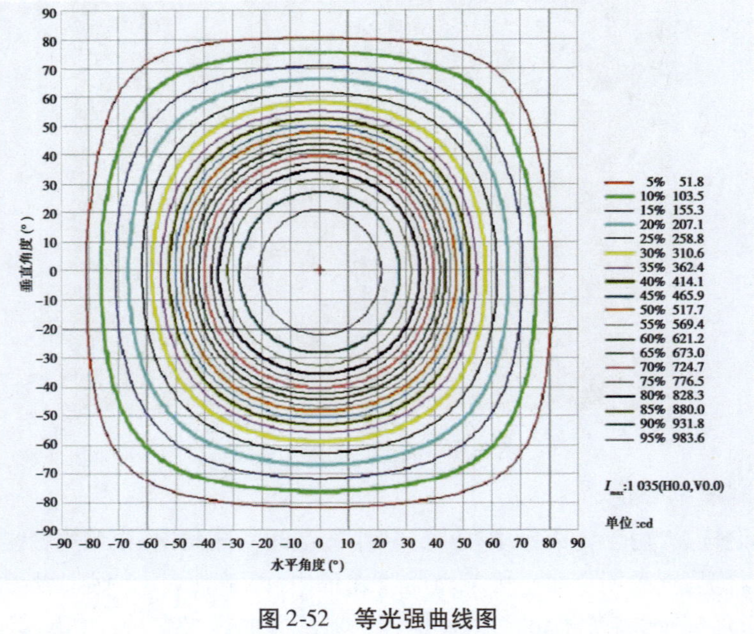

图 2-52　等光强曲线图

（二）灯具的眩光控制

1. 失能眩光和不舒适眩光

当视野内出现过高的亮度或过大的亮度对比时，人们就会感到刺眼，影响视力，这种刺眼的光线叫作眩光。如在晴天的午间看太阳，会感到不能睁眼，这就是由于亮度过高所形成的眩光。眩光可分成失能眩光与不舒适眩光。凡是能降低人眼视力的眩光称为失能眩光，凡是使人产生不快之感的眩光称为不舒适眩光。眩光是影响照明质量最重要的因素之一。

在灯具设计中应该注重眩光的问题。不当的灯具安装和设计会产生眩光，这种眩光会让人产生注意力分散、厌烦、紧张、疲倦的症状（见图 2-53），设计师必须在设计过程中进行充分的考虑。

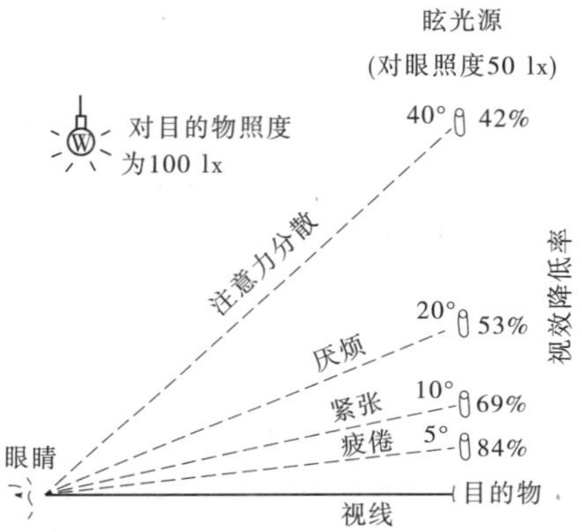

图 2-53　眩光的危害

2. 眩光产生的原因

眩光按产生的原因可分为三种，即直射眩光、反射眩光和对比眩光。直射眩光是由光源直接照射引起的，它与光源位置有关。反射眩光是光线经过一些光滑物体表面反射到眼部造成的。对比眩光是物体与背景明暗相差太大所致。灯具产生眩光主要有以下几个因素：

（1）光源的亮度（光源的亮度越高，眩光越显著）。

（2）光源的位置（光源越接近视线，眩光越显著）。

（3）光源的外观大小与数量（光源的表面积越大，光源数目越多，眩光越显著）。

（4）周围的环境（环境亮度与光源的亮度差越大，眩光越显著）。

3. 控制不舒适眩光

1）限制视野内光源或灯具的亮度

限制视野内光源或灯具的亮度主要通过三种方式来实现：一是在满足照明要求的前提下，减小灯具的功率，避免高亮度照明。二是避免裸露光源的高亮度照明。三是在室内照明中多采用间接照明的手法，利用材质对光的漫反射和漫透射的特性对光进行重新分配，以产生柔和自然的扩散光的效果，例如在灯泡外罩上一个乳白色的磨砂玻璃灯罩就可以得到柔和的漫射光。

2）减小灯光的发光面积

这里所说的发光面积，并不是指灯具或光源的大小，而是指同样的光源，随着光源亮度的增加，光源的发光面积会增大，随之而来的就是愈加强烈的眩光。因此，在选择使用高亮度裸露光源进行照明的时候，可以把高亮度、大发光面的灯光分割成细小的部分，那么光束也就相对分散,既不容易产生眩光,又可以得到良好的照明效果。安装 1 只高瓦数的灯具,不如安装数个低瓦数的灯具,并合理分配灯光的照射方向。那样既能缓和刺眼的眩光,又可以使灯光更加美丽。

3)灯具的选用和布置

减少直接眩光,除了需要避免高亮度照明,还应该对灯具的位置和选型加以考虑。图 2-54表示了在正常视线范围内,不同的光源位置所引起眩光感的强弱。45° ~85°方向内的光线是引起直接眩光的主要原因。所以,控制直接眩光主要就是控制此方向内光线的强度,也就是限制灯具在 45° ~85°范围内的亮度。

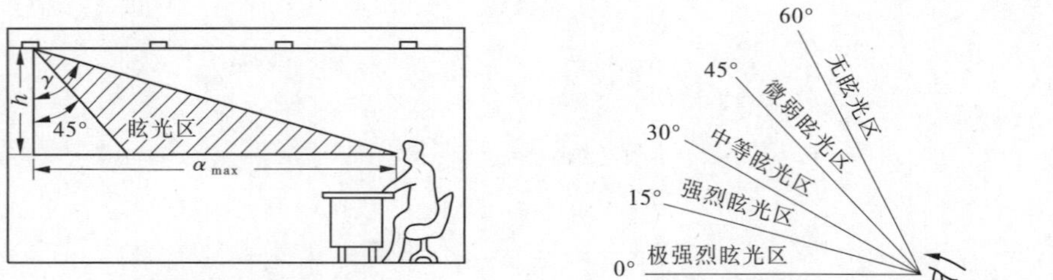

照明器亮度所应包括的范围

α_{max}—从观察者到灯具的最大水平距离;

h—从人眼水平位置到灯具的高度

光源位置的眩光效应

图 2-54　眩光的强弱与视线的关系

我们为布置在有可能产生直接眩光区域内的灯具选型时,需考虑采用一些带有遮光附件的灯具,从而达到增大灯具截光角、减少眩光的目的。例如采用格栅、遮光板、遮光罩等。格栅的主要作用是将光源和反射器的可见度降低。遮光板可以根据具体的环境状况在现场调整投光角度,较好地控制灯具侧面和前方出射的光线,适用于大多数宽光束和中等光束的泛光灯具。遮光罩可以将沿四边出射的光线截断,有效遮蔽各方向的光照。这种方式很好地控制了光源的可见性,使灯具的照射范围具有较强的方向性,适用于窄光束的聚射灯具。

遮光角又称保护角,是指光源发光体最外沿一点和灯具出光口边沿的连线与通过光源光中心的水平线之间的夹角。在正常的水平视线条件下,为防止高亮度的光源造成直接眩光,灯具至少要有 10° ~15°的遮光角。在照明质量要求高的环境里,灯具应有 30° ~45°的遮光角。保护角 s 应从灯发光部分的最低点测量,多光源灯具则应按最远的灯测量,格片灯具由遮光格栅尺寸确定。加大遮光角会降低灯具效率,这两方面要权衡考虑。

灯具的保护角以及保护角的测定如图 2-55 所示。

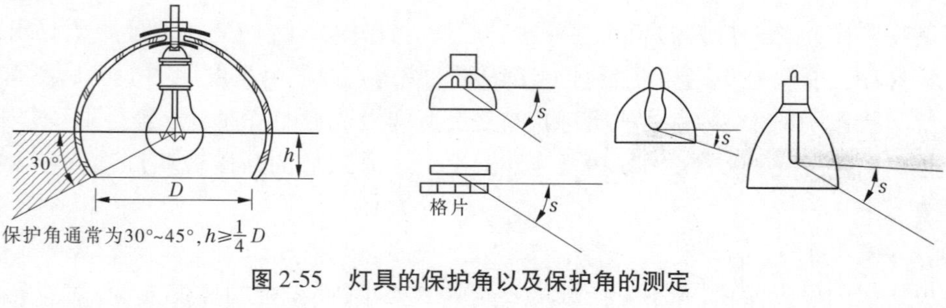

保护角通常为30°~45°, $h \geq \frac{1}{4}D$

图 2-55　灯具的保护角以及保护角的测定

4)设计合理的环境亮度比

在眼睛适应了较亮的光照条件下,即使是高亮度的光源,眩光也变得不那么明显了。背景亮度不同，所产生对比的强弱不同，会产生视错觉。在现实中最直观的例子就是晚上我们眼睛不能直视的汽车大灯，在白天看的时候，就不会觉得有任何刺眼的感觉。这是因为白天的环境亮度增加，环境亮度比降低，人眼适应了高亮度环境。

所以，在照明设计中应该尽量避免同一空间内过大的环境亮度比，通过改变环境亮度比，来达到照明设计的不同目的。一般来说，任务或目标比环境略为明亮，如2∶1～3∶1是比较适宜的环境亮度比。

五、灯具设计中的安全标准

灯具标准中有关安全的一部分，俗称为安规。灯具的安全标准门类繁多，各种类型的灯具安全标准都是不同的，各国各地区的灯具安全标准也是不同的。在灯具行业，IEC（国际电工委员会）的标准通用性比较强，国际上大部分国家和地区直接以IEC的标准作为依据制定自己的标准，如欧洲的EN标准与IEC标准基本一致，我国的GB标准等同采用了IEC标准。日本、澳大利亚、中东等国家和地区也只是在IEC标准的基础上增加一些地域性的规定和修改（比如使用插头、电压、电线等方面的规定）。但是美国的UL系列标准与IEC标准存在较大区别。所以，对灯具设计师而言，我国的GB 7000系列标准（等同采用了IEC 60598系列标准）和美国的UL 1598标准中的一些能指导设计工作的要点是要去学习、理解和应用的。

（一）IEC体系灯具的一般安全要求（同我国国标及欧洲EN标准）

1.使用时可以接触的地方不能出现锋利的锐边

在正常安装、使用、维护时，灯具内的尖端或锐边刃口可能划、割伤使用者，如格栅灯具中的格栅。为保障使用者安全，灯具应没有危害使用者的尖端或锐边。

如图2-56所示的两个配件，左边一个存在毛边，会对使用者造成伤害。有些装饰性灯具（如吊灯）使用了很薄的铁片作为装饰零件，设计时，就要注意这些薄片在安装时不能割伤安装人员，在使用时要么设计成人手触摸不到，要么对铁片边缘进行倒角或其他方式的处理，以免割伤人。

图2-56　可能对使用者造成伤害的配件

2.灯具的机械强度要求

样品要经过弹簧冲击锤试验，因为灯具在正常安装、使用、维护时，可能遇到比较粗糙的搬运或操作，灯具应有足够的机械强度，在经受轻微的磕碰后不会导致危及安全的损坏。

图2-57所示的是弹簧冲击锤和常见灯具应选择的冲击能量。弹簧冲击锤试验就是用一个小锤子对灯具的结构件进行三次锤击，然后看有没有出现危险性的破坏。需要说明的

是：灯具的光源，一些很薄的、半透明或者透明的部件（如灯罩），以及装饰性的玻璃件等一些不对灯具提供保护支撑作用，只是作为装饰件的易碎部位不做测试要求。

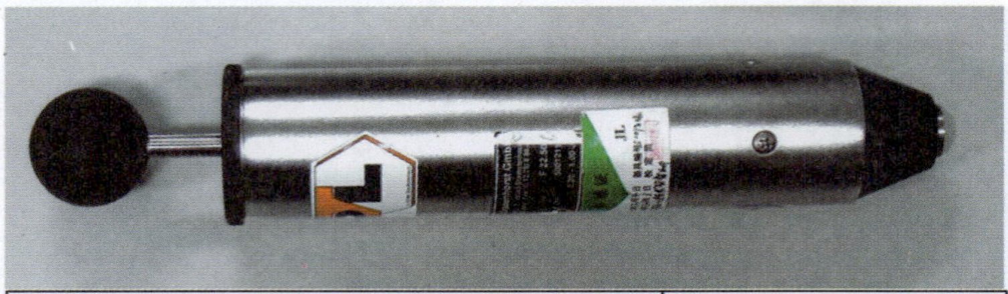

灯具类型	冲击能量 (N·m)	
	易碎部件	其他部件
嵌入式灯具、固定式通用灯具和墙壁安装可移式灯具	0.20	0.35
可移式落地灯和台灯、照相和电影灯具	0.35	0.50

图 2-57　弹簧冲击锤和常见灯具应选择的冲击能量

插头安装式灯具：灯具附带整体插头，既用作安装，又用作电源连接。比如很多小夜灯（见图 2-58）就属于这一类灯具。其应该有较好的机械强度，能够经受下面描述的跌落桶试验检验。

将样品放入跌落桶（见图 2-59）内，跌落桶以每分钟 5 圈的速度转动，样品从高度 50 cm 处落到一块 3 mm 厚的钢板上，落下的次数为：样品质量不超过 250 g 的 50 次，样品质量超过 250 g 的 25 次。

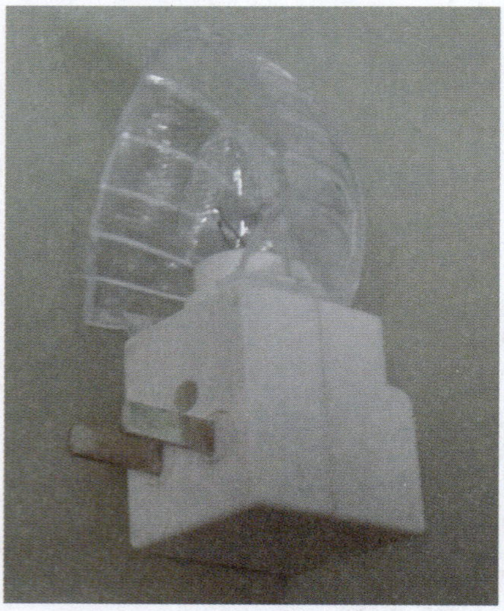

图 2-58　插头安装式小夜灯

图 2-59　跌落桶

3. 吊灯的悬挂结构要求

如图 2-60 所示为一个创意吊灯，一般看到它会有一种担忧，担心玻璃灯罩会掉落下来砸到人。对于这类悬挂式灯具（吊灯和吸顶灯），应该设计好它的悬挂零件和结构，使其能够通过如下所述的吊重测试。

对所有的悬挂灯具，除灯具自身的重量外，另将等于 4 倍灯具重量的载荷均匀恒定地加载在灯具通常的受载方向上，如对多分支的吊灯就应该将等于每一分支重量 4 倍的载荷加载在该分支上，加载 1 h，悬挂系统的部件应无明显变形。

简单地说，就是吊灯和吸顶灯要能够承受 4 倍于本身重量的载荷，吊一个小时以后各部分不能出现断裂、明显变形、掉落或者其他不安全的变化。在设计吊灯和吸顶灯时要考虑灯本身的重量，设计合适的悬挂和支撑零件。

有一些吊灯直接用电线把灯罩吊起来，然而电线的承重能力是有限的，标准规定用软缆或软线悬挂的灯具总质量不能超过 5 kg。悬吊的软缆或软线导体内产生的应力不超过 15 N/mm^2。对于质量大于 5 kg 的悬挂灯具，灯具、软线或软缆的设计应使导体不受到任何拉力。如图 2-61 所示的吊灯，为了不让电线承受重量，采用铁链承重，这样的悬挂方式属于柔性悬挂，灯具安装以后可以调节、晃动、转动。

图 2-60　创意吊灯

图 2-61　用铁链承重的创意吊灯

还有一些吊灯用铁管作为承重结构，灯具安装以后是不可以转动的，如果发生过大角度的转动，可能会引起铁管内的电线损坏，甚至导致灯具脱落。这样的灯具悬挂方式属于刚性悬挂（见图 2-62）。

对于刚性悬挂灯具，为防止灯具螺纹连接件松脱、灯具吊管或腔内导线缠绕，灯具应能承受 2.5 N · m 的扭矩，要求灯具在正反两个方向相对于固定部件的扭转都不能超过 1 圈。扭转试验装置如图 2-63 所示。

4. 防尘防水灯具的要求

在一些特殊环境下使用的灯具要求有一定的防尘防水能力。我们用两位 IP 等级数字表述灯具外壳的防尘防水能力。IP 后面的两个数字，第一个数字代表防固体异物和灰尘进入的等级，第二个数字代表防水等级（具体各等级数字代表的含义见图 2-46）。比如在船上、车上或在恶劣条件下使用的灯具应该达到 IP54 以上，在游泳池中使用的灯具应该达到 IP68 以上，庭院的路灯应该达到 IP43 以上，在浴室使用的灯具一般要求达到 IP44 以上。

为了让灯具具有防水效果，我们要设计各种结构和采取各种措施，比如设计连接件，使用硅胶垫、硅胶圈或者涂防水胶等辅助措施。

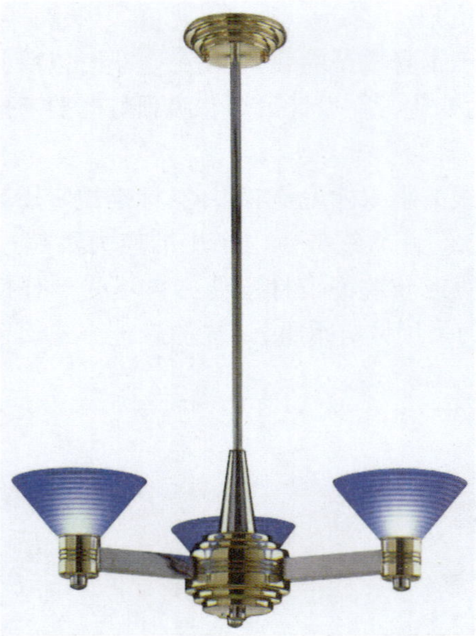

图 2-62　用铁管承重的创意吊灯

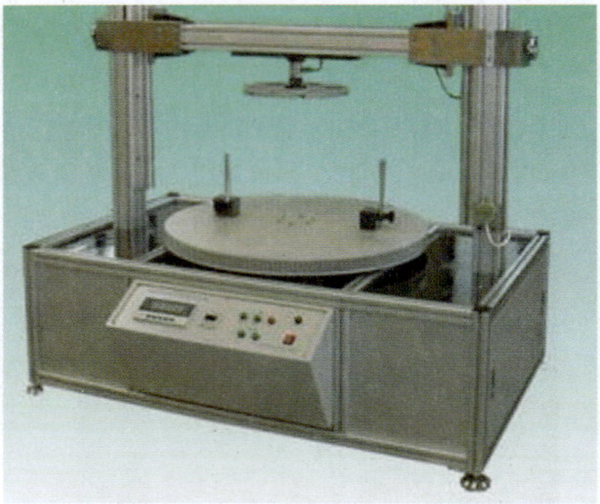

图 2-63　扭转试验装置

关于防水，从制作工艺上来说，灯饰类防水要比单纯的照明灯具防水难度高很多，因为要考虑到很多外观和装饰的复杂结构。结构的设计是要费脑筋的地方，只要结构设计合理，后面的技术人员才好处理。每一款防水灯都是经过技术人员多次尝试、不断改进的成果。由于零配件的尺寸在生产中会有偏差，必须严格把控采购和装配的过程，才能保证防水的实际效果（实际生产中某些重要零件 1 mm 的偏差，就可能导致防水失败）。

仔细看看图 2-64，有三个胶圈，它们的区别是什么呢？2.3、2.5、2.8 表示使用材料的直径分别是 2.3 mm、2.5 mm、2.8 mm。在某款防水的筒灯的灯罩上面使用胶圈，其结构设计是没问题的，关键是确定选用胶圈的直径。比如开始使用直径为 2.3 mm 的胶圈会漏水，后来换成直径为 2.8 mm 的胶圈还是漏水，最后换成直径为 2.5 mm 的胶圈刚好把灯罩连接的缝隙堵住了，滴水不漏。

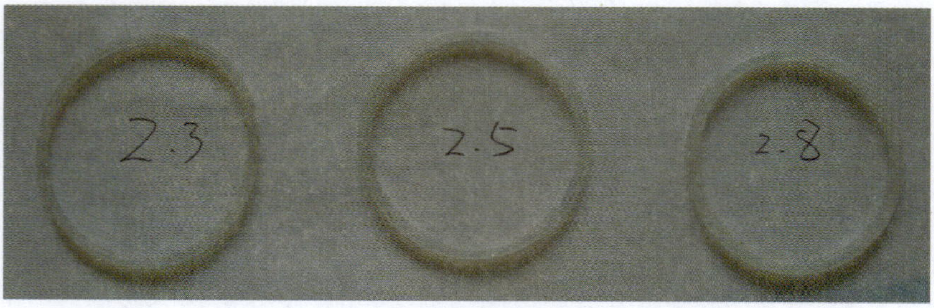

图 2-64　防水胶圈

但是有时候受材料、形状、工艺成本等限制，我们多次尝试调整都没办法使灯具达到“真正防水”。其实标准中是有一些放宽的规定的，有一些防水灯是“允许进水”的。防滴、防淋、防溅和防喷灯具可以设计排水孔，灯具进水后如果可有效地排除进水，不影响电气安全的话是可以接受的。必须注意的是，排水孔应能将灯具内积水有效地排除，如排水不畅，积水会导致灯具绝缘失效。排水孔应设置在灯腔的底部，与安装表面间至少有 5 mm 的间隙，以确保排水畅通。如图 2-65 所示，灯具的底部有 4 个排水孔。

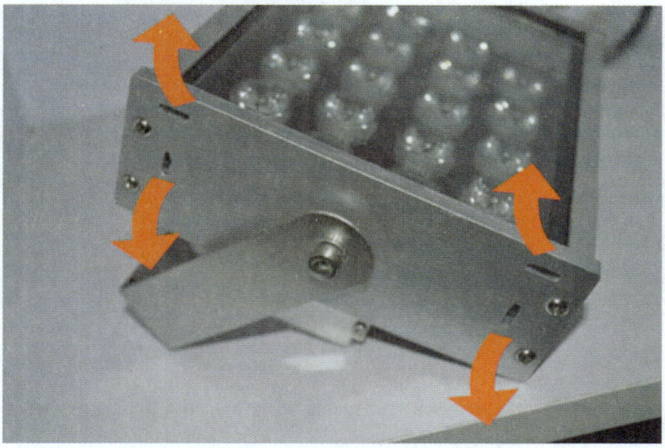

图 2-65　灯具底部的 4 个排水孔

5. 对电源接线端子的要求

电源接线端子应采取某一方法定位或防护，使得多股绞合导线在接线后，若有线头从接线端子中脱出，带电部件与金属部件无接触的危险。

图 2-66 中的三个接线端子就没有得到固定，可以游离，这是不符合标准要求的，可能导致漏电的危险。图 2-67 中的红色箭头指示处，电源线的一根游丝脱出，可能会触及周边的金属件，导致漏电的危险。

合格的处理方式是使用封闭式接线台，或者将接线端子固定，并且做好周边的防护措施，如图 2-68 所示。

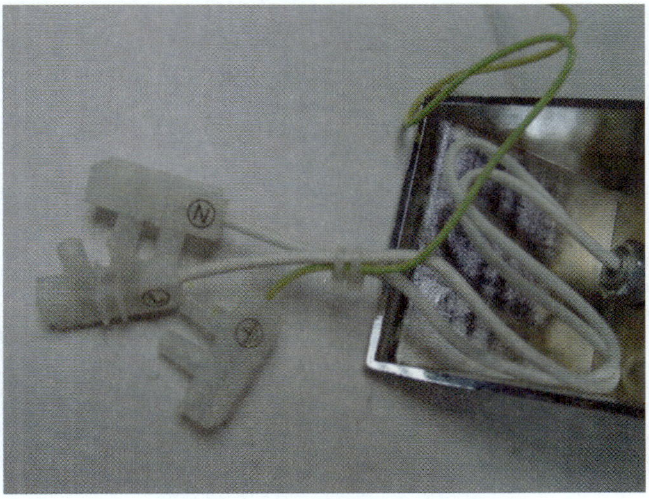

图 2-66　电源接线端子未固定

6. 对电源线和软线固定架的要求

可调式和可移式（非墙面安装）灯具，软缆或软线进入或离开灯具金属部件开口处时，应提供一个具有光滑圆角的、坚固的、不易取下和不易老化变质的衬套。提供不可拆卸的软缆或软线，或设计成使用不可拆卸的软缆或软线的灯具，应配有软线固定架，使连接到接线

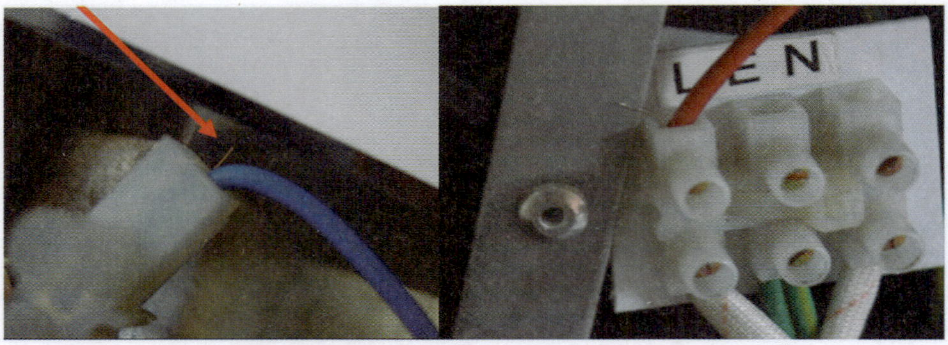

图 2-67　电源线的一根游丝脱出

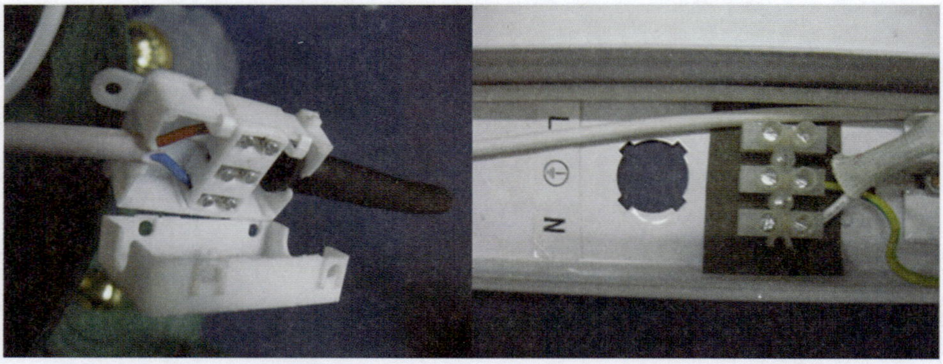

图 2-68　合格的处理方式

端子的导体免受应力，包括绞扭，并防止其保护层受到磨损。简而言之，要求在台灯、落地灯的主电源线出线口处设计一个光滑圆角的塑胶件（衬垫）保护电线（见图 2-69）。

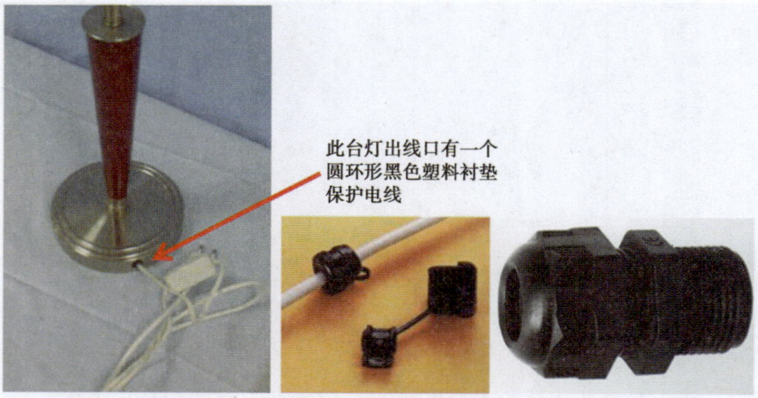

图 2-69　出线口设计

灯具设计使用不可拆卸电源线的，应该把电源线固定起来，不能让接线端子处受到拉扭力。

图 2-70 所示为不合格的灯具内部线路，图 2-71 所示为合格的灯具内部线路（用压线板固定电源线，并用扎线带防止接线处受拉力脱落）。

图 2-70　不合格的灯具内部线路

图 2-71　合格的灯具内部线路

图 2-72、图 2-73 分别为压线板和扎线带。

图 2-72　压线板

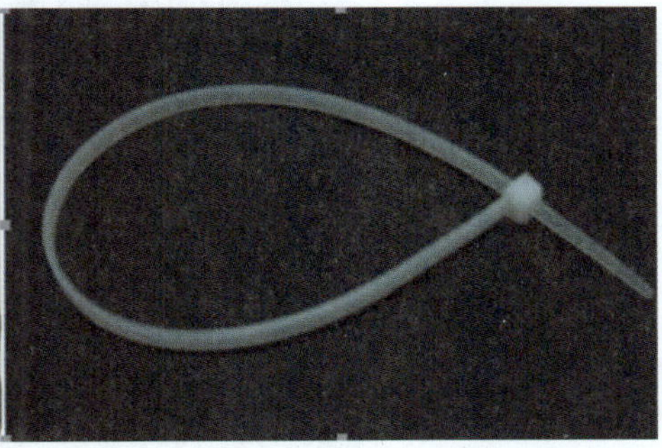

图 2-73　扎线带

图 2-74 所示为不正确的处理方式。

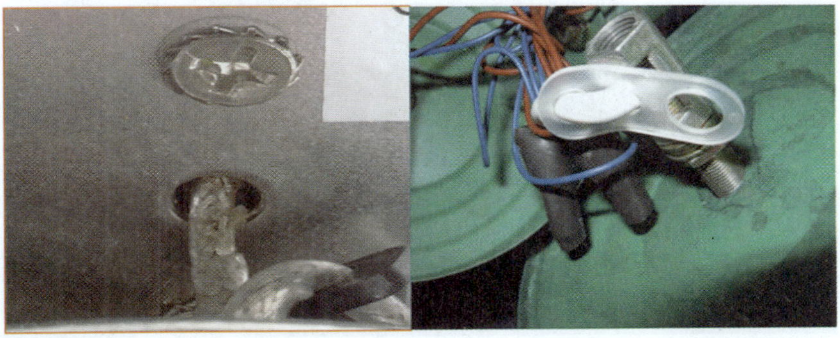

图 2-74　不正确的处理方式

图 2-75 所示为正确的处理方式。

7. 灯具的发热控制要求

灯具的灯座、导线绝缘等部件在正常工作时，温度有时会超过规定限值。例如，没有使用耐高温线，而使用普通的 PVC 导线连接卤钨灯灯座，致使灯具正常工作时导线、灯座、接线盒等部件的温度超过限值。

如图 2-76 所示，壁灯的塑料灯罩受不了光源的高温，已经发黄变形。

再看如图 2-77 所示的吸顶灯，从外面看好像没有什么不妥，但是打开看内部，发现使用的是两个 40 W 的灯泡，灯泡距离顶部安装表面太近，距离电线太近，距离接线台也太近，这

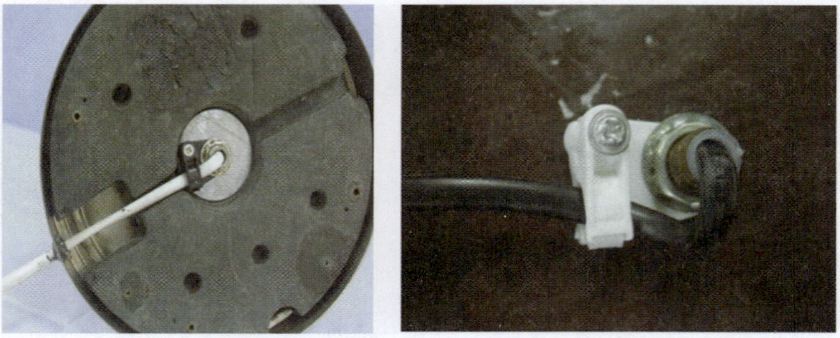

图 2-75　正确的处理方式

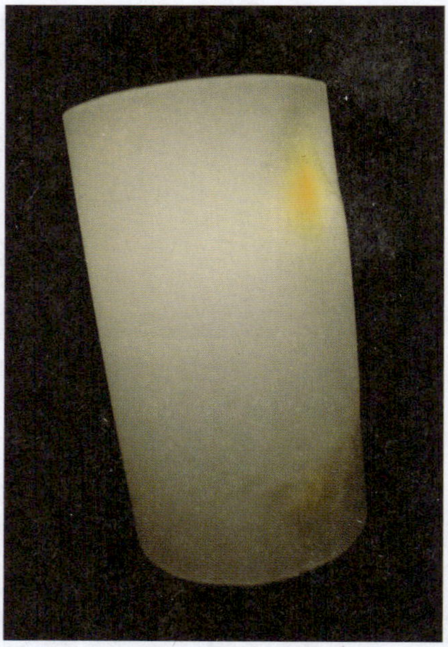

图 2-76　壁灯的塑料灯罩发黄变形

些部件的温度会超标。正确的散热处理方式如图 2-78 所示。

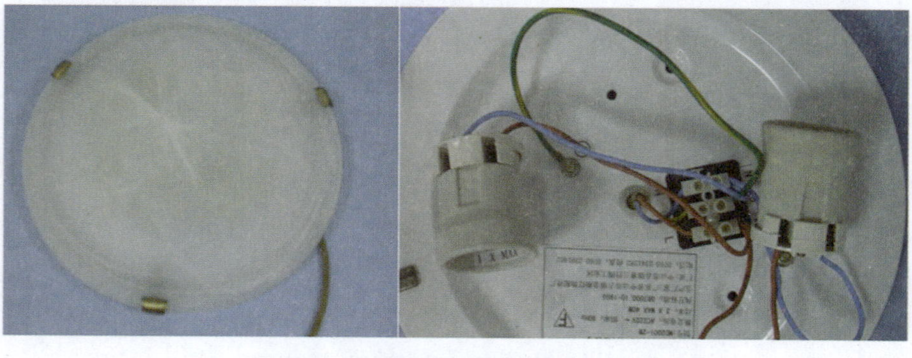

图 2-77　吸顶灯不正确的散热处理方式

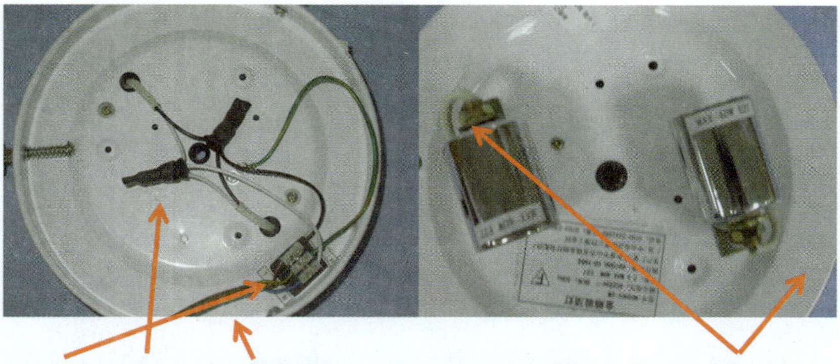

图 2-78　正确的散热处理方式

8. 可调式灯具和可调节装置的设计要求

可调式灯具（见图 2-79）是指通过接头、升降装置、伸缩管或类似装置，灯具的主要部件可以旋转或移动的灯具（注：可调式灯具可以是固定式或可移式的）。

图 2-79　可调式灯具

对于使用时经常需要调节的灯具结构，应该对调节处进行 1 500 次模拟调节试验，然后检查是否可以继续使用，并且要求电线内部铜丝的断裂不超过 50% 为合格。对于使用时偶尔需要调节的灯具（比如说可以调节照射方向的固定射灯或者轨道射灯），应该对调节处进行 150 次模拟调节试验，然后检查是否可以继续使用，并且要求电线内部铜丝的断裂不超过 50% 为合格。对于只在安装时需要调节的灯具（比如有些吊灯安装时可以调节高度），应该对调节处进行 45 次模拟调节试验，然后检查是否可以继续使用，并且要求电线内部铜丝的断裂不超过 50% 为合格。

9. 灯具防触电保护的一般要求

灯具正常安装和接线后以及为更换光源或可替换启动器而必须打开灯具时，即使不是徒手操作，其带电部件也应该是不可触及的。

检验方法是使用一个类似人手指形状的可以弯曲的金属试验指去触碰灯具上各个部件，看是否会触及灯具中的带电部位。

还可以进行防触电保护试验，其示意图如图 2-80 所示。

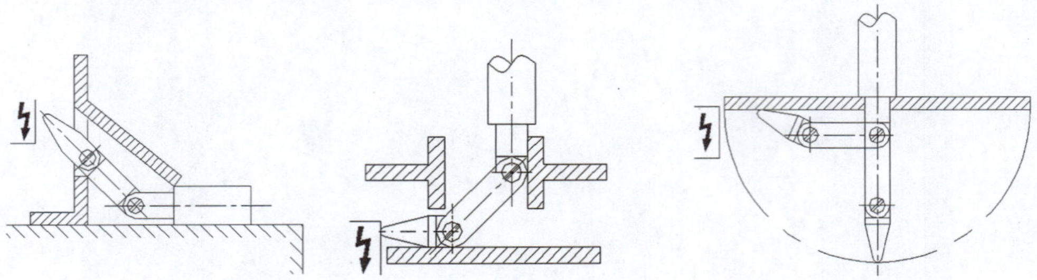

图 2-80　防触电保护试验示意图

10. 灯的地线设计

Ⅰ类灯具需要设计地线。Ⅰ类灯具是指灯具的防触电保护不仅依靠基本绝缘，而且还包括附加的安全措施，即把易触及的导电部件连接到设施的固定线路中的保护接地导体上，使易触及的导电部件在万一基本绝缘失效时不致带电。简而言之，就是如果灯具里面的电线基本是单层绝缘的电线，那么就应该设计成Ⅰ类灯具，应该设计地线结构作为安全保护措施。如果灯具里面的电线有附加绝缘层或者双重绝缘电线，并且电气强度也是比较可靠的，那么就可以不设计地线结构，做成Ⅱ类灯具。一般情况下固定式灯具做成Ⅰ类灯具的比较多，台灯、落定灯做成Ⅱ类灯具的比较多。金属外壳的灯具做成Ⅰ类灯具的比较多，绝缘材料外壳的灯具做成Ⅱ类灯具的比较多。

地线应该与灯具的金属部件保持良好的接通（接地电阻小于 0.5 Ω），而且要求灯具的电源线接线端子处要对地线有保护，即地线要比火线和零线长，避免接线端子的移动或者拉扯电源线时地线端子受到拉力。图 2-81 左边的一条地线被拉扯到了，是不合格的接地方式。

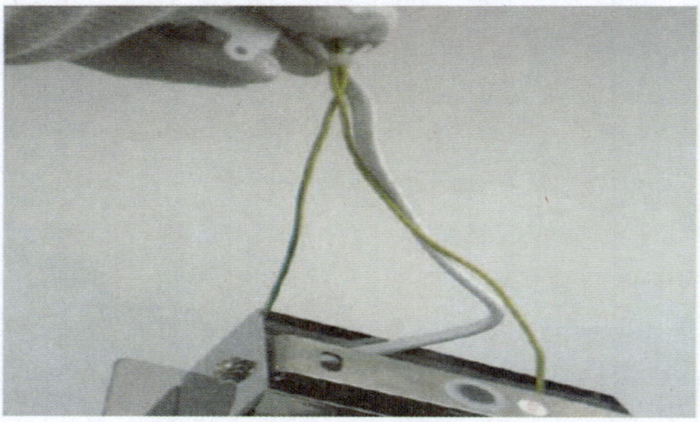

图 2-81　不合格的接地方式

11. 台灯、落地灯的角度稳定性要求

由于台灯和落地灯在使用时可能被碰到，发生倾倒，所以标准对台灯和落地灯的角度稳定性是有要求的。

台灯和落地灯的底座不能设计得太小或太轻，重心和上下比例不能失调。我国国家标准规定，台灯、落地灯放置在倾斜 6°的斜面上不能倾倒。放置在倾斜 15°的斜面上最好也不能倾倒，如果倾倒，则要求增加一个温度试验，即把灯具完全放倒在地面，以最不利的位置点亮灯具，测试地面的最高温度，要求灯具对地板的加热温度最高不能超过 130 ℃。

图 2-82 所示为角度稳定性试验台。

图 2-82 角度稳定性试验台

(二)各国产品认证标志及说明

前文只是以应用最广泛的 IEC 灯具标准(同 EN 灯具标准、GB 灯具标准)为例,简单描述了一些灯具设计师在设计时应该注意的安全要求。如果是设计一些特殊的灯具还要查询相关的特殊标准。如果是设计出口美国市场的灯具,还需要专门学习差异比较大的 UL 系列灯具标准。当灯具的设计完成,样板出来以后,进一步的测试、整改、认证、生产等步骤应该由专门的检测认证工程师作指导,设计研发人员进行配合设计和修改资料。一般正规的灯具生产企业会在新灯样板出来以后,组织各部门人员对新灯进行评估,看是否有需要改善的地方,确保产品顺利地经过测试、认证、配件采购、批量生产等过程。

灯具产品要想销往世界各地,最基本的是要取得相应国家和地区的许可,即相应国家和地区的认证。认证是由经授权的独立的第三方机构根据相关的国家或国际法规标准,对生产厂家的产品或生产体系进行检测与监督,并就通过与否签发检测报告与证书的过程。如果取得认证,就说明产品质量符合国家或国际标准。

1. CCC 标志

CCC 标志即中国强制认证标志(CCC 的英文名称为 China Compulsory Certification,CCC 标志也可简称为"3C"标志)。按照《中华人民共和国标准化法》和《中华人民共和国产品质量认证管理条例》,电工产品开展安全认证以等效转化国际电工委员会(IEC)安全标准的强制性国家标准和行业标准为依据,按此类标准开展的认证必须进行强制性监督管理,凡未经安全认证的此类产品,不准出厂、销售、进口和使用。

2. UL 标志

UL 是美国保险商实验室(Underwriters Laboratories)的缩写,它是一个国际认可的安全检验及 UL 标志的授权机构,对机电包括民用电器类产品颁发安全保证标志。100 多年来,该机构一直致力于对有关材料、工具、产品、设备、构造、方法和系统等对生命财产的危险性进行评估实验。美国安全检测实验室公司提出了为公众所接受的科学测试方法和要求,它制定了 700 多种安全标准,其中部分 UL 安全标准被美国政府采纳为国家标准。产品要行销美国市场,取得 UL 认证标志是不可缺少的条件。

3. CE 标志

CE 标志是原欧洲共同体(现欧盟)市场安全标志,是一种宣称产品符合欧盟相关指令的标志。使用 CE 标志是欧盟成员对销售产品的强制性要求。CE 规定,从 1997 年 1 月 1 日起实施"低电压指令(LVD)"。

4. GS 标志

GS 标志是德国安全认证标志,它是德国劳工部授权由特殊的 TUV 法人机构实施的一种在世界各地进行产品销售的欧洲认证标志。GS 标志虽然不是法律强制要求,但是它确实能在产品发生故障而造成意外事故时,使制造商受到严格的德国(欧洲)产品安全法的约束,所以 GS 标志是强有力的市场工具,能增强顾客的信心及购买欲望。通常 GS 认证产品销售单价更高而且更加畅销。

GS 已经包含了"低电压指令(LVD)"的全部要求。所以,获得 GS 标志后,TUV 会免费颁发该产品 LVD 的 CE 证明(COC)。TUV Rheinland 1997 年后在 GS 证书中包含了 LVD 证书,厂商申请 GS 标志的同时可获得 LVD 证书。瑞士和波兰产品安全认证标志产品范围同 GS 标志。

5. TUV 标志

TUV 标志是德国零部件产品型式认证标志,适用于电气零部件,如电源、变压器、调光器、继电器、插接件、插头、导线等机械产品零部件及运动器材零部件。

6. JIS 标志

JIS 标志是日本标准化组织(JISC)对经指定部门检验合格的电器产品、纺织品颁发的产品标志。

7. NF 标志

NF 标志是法国认证标志,这种标志可单独用于电器及非电器类产品,也可与其他标志或字母的图案共同使用,主要指安全标准要求和效能特征。

8. CB 标志

CB 检验为全球性相互认证体系,在全世界有 53 个会员。在共同的 IEC 标准下,各验证单位均相互承认彼此核发的 CB 证书及报告,据此可以迅速地转换他国证书。

第三章　灯具设计的创造方法

设计，即设想与计划，是人们为了实现某种特定的目的而进行的创造性活动。创造，即创新造物，是用前所未有的方式或者方法去解决问题的活动。在灯具创新设计中要考虑技术、艺术、人文、经济、生态等众多因素，还要考虑如何针对它们的特色进行突破、创新。人们在这样的过程中不断地进步，不断地超越过去的东西，从而使新的东西不断地取代旧的东西。设计的本质其实就是全面系统地进行创造，创造性思维是灯具设计的核心。

第一节　设计与创造

一、创造性思维的含义

思维是人脑对客观事物间接的和概括的反映，它既能动地反映客观世界，又能动地反作用于客观世界。思维是人类智力活动的主要表现方式，是精神、化学、物理、生物现象的混合物。创造性思维是人类大脑所特有的属性。千百年来，人类就是凭着创造性思维不断认识世界和改造世界的，因此可以说，人类所创造的一切成果都是创造性思维的结果。高士其曾说："科学的发展史就是一部思维发展史。"在设计的发展中，思维的变革发挥了重要作用。

二、创造性思维的实质——"选择""突破""重新建构"

"创造"一词，是由"创"和"造"两个字构成的。根据《词源》的解释，"创"字有疮、伤、损、惩等意思，其主要含义是"破坏"；"造"字有做、为、始、成就等意思，其主要含义是"建设"。所以，"创造"的本意是"破坏"和"建设"的统一，即"创造是指在破坏旧事物的基础上，产生新的事物"。这种"破坏"和"建设"不是盲目的，而是带有目的性的，其对象也有待"选择"。所以，创造性思维的实质表现为"选择""突破""重新建构"这三者关系的统一。

选择：选择就是找资料、调研、充分思索，让各方面的问题都得到充分思考、表露，从中去粗取精、去伪存真。而这种选择是建立在科学分析和科学方法的基础上的，特别强调有意识的选择。法国科学家 H·彭加勒认为，所谓发明，实际上就是鉴别，简单来说，也就是选择，所以选择是创造性思维得以展开的第一个要素，也是创造性思维各个环节上的制约因素。

突破：突破是选择的目的，在调研、收集中运用科学的分析手法，选择好突破的对象，进行创新。突破所选择的问题往往表现为从"逻辑的中断"到"思想上的飞跃"，孕育出新观点、新理论、新方案。

重新建构：重新建构的基础是选择和突破。因为创造性的新成果、新理论、新思想并不包括在现有的知识体系之中，所以创造性思维的关键是善于进行"重新建构"，有效而及时地抓住新的本质，筑起新的思维支架。

三、创造的约束和指导法则

所谓方案创造的指导法则，也就是通过某种提示或引导，启发创造思维或联想途径的方法与技术。通过这种方法，人们可以把自己的思路集中到某一个特定的路径上，以便集中精力，达到“综合”现有方案解决问题的目的。创造是有一定的规律性，并在一定的约束和指导法则下进行的，也只有这样才能达到理想的效果，我们大体可以把这些约束和指导法则归纳为以下几方面。

组合：如组合灯具、组合文具架、多功能电视机、多功能灯具等。

换元：在材料、部件、方法、方式、包装等方面进行替代和交换，实现产品创新。

代替：尝试使用别的解决方法或构思途径，代入该项设计的工作过程之中，通过借助和模仿的形式解决问题。

移植：所谓“它山之石，可以攻玉”，运用移植法，可以促进事物间的渗透、交叉、综合。在现有材料和技术的基础上，移植相类似或非类似的因素，如形体、结构、功能、材质等，使设计获得创造性的崭新面貌。

类比：如水陆两用工具与两栖动物、夜视装置与猫头鹰的眼睛。主要有直接类比、象征类比等。

还原：着重围绕产品功能进行创新。比如功能相同但技术不同，机械手表和电子手表就是个例子；火柴和打火机也是一样的道理。

综合：将多种设计因素融为一体，以组合的形式或重新构筑的新的综合体来表达创造性设计的意义。

离散：将原有产品技术进行分离，从而形成新构思。比如隐形眼镜就是镜片与镜框分离的结果，音箱则是扬声器与收录机分离的结果。

逆反：突破传统形成的思维定式，进行逆反思维，从而引出新的创意。

仿形：比如鸟的翅膀与飞机的机翼、海洋生物的流线型躯体与潜艇的造型。

迂回：当面临某个产品创新问题而束手无策的时候，可以扩大搜索的范围，从其他方面寻找灵感，激发创意，解决问题。

第二节　灯具设计的具体创造方法

创造性思维方法即创造思维形成的方法，它是指创造主体在创造思维活动过程中运用概念、判断、推理构成新观念系统的方法。这里的方法是指导性的方法，它是由创造思维的灵活性所决定的。设计方法有利于创造思维的发挥，同时也有利于创造能力的提升。

一、仿生法

仿生设计是通过研究自然界生物系统的优异功能、形态、结构、色彩等特征，有选择地应用这些特征原理，设计和制造崭新的产品。最早把这种技术用作创造思维方法的是美国的巴巴尼克教授。

模仿型设计是从模仿自然开始的，人类各种科学技术、原理及重大发明、设计的很多灵感都源于生物界。人类在与自然界长期的斗争中，在生产劳动和科学研究中，凭借其得天独厚的智慧和勤劳灵巧的双手,在自然界获得了自由。而长期以来,人类运用其观察、思维和设计能力,开始了对事物的模仿,并通过创造性的设计劳动,增强了自己与自然界斗争的本领和能力。飞机、雷达、潜艇等可以说是仿生设计的典型例子,机器人更是以人为原形进行设计制造的。

在当今环境生态问题日益严峻的形势下,向大自然学习成为一种时尚和热门。人们更加热爱和尊重自然,摆正了自己和自然界的关系,努力使人类社会与自然界融为一体,使自身的生活和生产方式不背离自然运作的原则,使自身成为整个生态系统的一个组成部分,参与整个生态系统的物质和能量循环。人们试图用自然的方式来寻求问题的合理解决方法,消除人类的生存危机,这种方式也是仿生设计。2008 年北京奥运会的主体育馆就是仿造鸟巢形式,其意义深刻,是仿生设计的典例。

另外,鉴于情感的需要,人们有一种偏向对具象用品的喜爱,仿生设计也成为满足用户需求的重要手段之一。

仿生设计主要可分为形态仿生设计、功能仿生设计和结构仿生设计等。

图 3-1 所示为模仿植物形状的灯具设计。图 3-2 所示为仿生台灯设计。图 3-3 所示为模仿植物形状的地灯设计。

图 3-1　模仿植物形状的灯具设计

二、类比法

区别于仿生的思路来源,类比是模仿已有的产品,在原有的成功的产品基础上,进行再设计、再创造。类比法是美国创造学家哥顿(W. J. Gordon)提出的,他搜集了物理、机械、生物、地质、化学和市场学等方面的专家发明创造过程的资料,并进行了分类编组和深入的研究,结果他发现专家们在课题研究活动中,有一些能够使创造活动成功的特殊技巧,就是把乍看起来没有关系的东西联系起来进行类比,这就是他提出类比法的基础。

类比法应用实例如图 3-4 ~ 图 3-6 所示。

图 3-2　仿生台灯设计

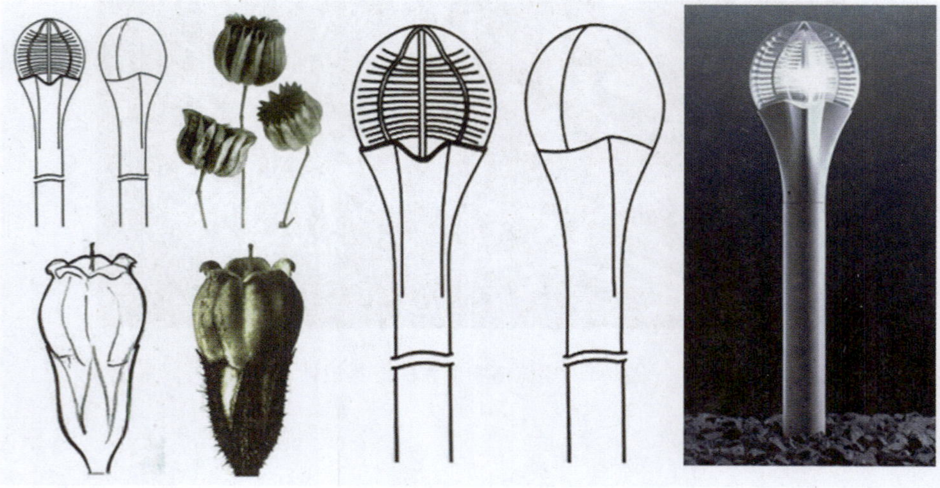

图 3-3　模仿植物形状的地灯设计

三、联想法

联想法的关键是联想思维，联想思维是想象思维的一种形式。所谓联想思维，就是人们通过一件事情的触发而迁移（想）到另一些事情上的思维。联想思维能够克服两个不同概念在意义上的差距，并在另一种意义上将二者联系起来，由此常产生一些新颖的思想。

例如，来自创意家居设计工作室 Mirco Hirsch 设计的 Belt Sund 折叠台灯（见图 3-7），其

图 3-4　由 EL 冷光片制成的百叶窗(通过它来模拟真实的窗户效果,只需要将它挂在墙上就可以)

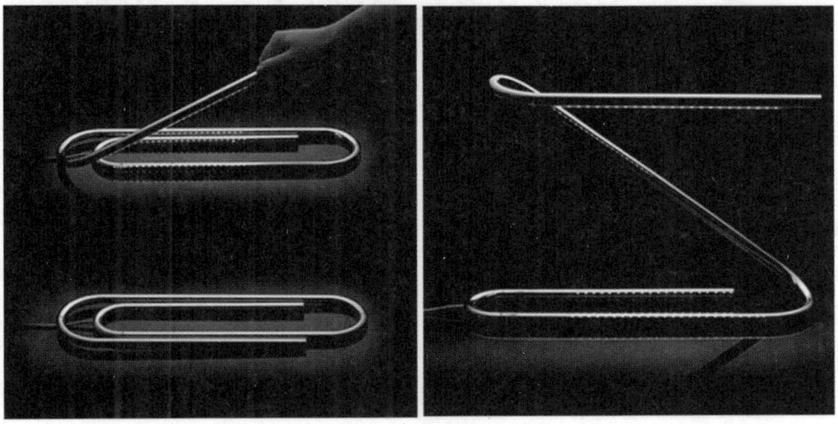

图 3-5　外形灵感来自回形针的灯具(可以通过控制关节扭曲的程度得到不同形态的灯)

灵感源于折纸艺术。灯罩由一片金属做成,光源为 LED 灯,使用时根据金属片上的折痕手动折叠,然后插入电线和 LED 灯,无需任何工具,5 min 即可完成组装。由于采用了金属材质,并且有的地方需要折叠 180°,所以金属片表面涂料选择非常重要。经过特殊处理之后,金属片折痕位置不会断开,且有多种颜色可供选择。深圳市的意外设计公司设计了一款满月灯,整款设计秉承简约风格,选用进口榉木,采用数控铣床加工,确保达到最完美的圆月效果。满月灯内置 LED 灯,功耗低、亮度高,使用寿命长达 10 000 h,无需维护和更换灯泡。

四、特性列举法

特性列举法是由美国内布拉斯加大学的克劳福德(Robert Crawford)教授在 1954 年提倡的一种著名的创意思维策略。此法强调使用者在创造的过程中观察和分析事物或问题的特性或属性,然后针对每项特性提出改良或改变的构想。

此法的优点是能保证对问题的所有方面进行全面的研究,通常可以通过以下三个步骤来完成。

(1)将物品或事物分为下列三种属性:

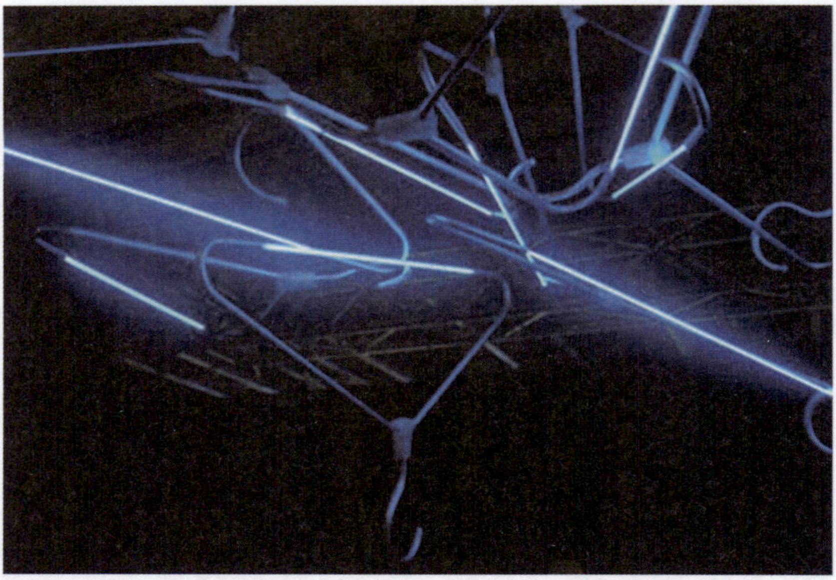

图 3-6 **衣架灯**(由伊朗设计师 Ali Siahvoshi 设计,依靠衣架原本的造型构成不同的立体造型)

图 3-7 Belt Sund **折叠台灯**

①名词属性:主要用来表征事物的性质、整体、部分、材料以及制造方法等。

②形容词属性:反映事物的颜色、形状、大小、轻重等。

③动词属性:反映事物的机能、作用、功能等。

(2)对所列举出的特性逐一进行具体的分析,判断每一项特性是否存在改进和创新的必要性与可能性,淘汰那些没有价值和不现实的特性,并将欲创新的特性加以整理,按重要程度进行排列。

（3）运用发散性思维提出革新方案，将变换后的新特性与其他特性组合可得到新方案。

例如，水晶吊灯基本元素列举：灯罩、灯碟、水晶、中柱、灯臂、线鼓、内部构件等。分别列出这些基本元素的特性：形状、大小、颜色、材料、表面工艺等。通过对这些基本元素的特性逐一进行改进，就可以形成许多创新的设计方案（见图 3-8）。

图 3-8 水晶吊灯设计

五、希望点列举法

希望点列举法是把想要设计的产品以希望点的方式列举出来，然后根据主客观条件，确定设计的方向。用这种方法进行创造的时候，可以召开一个小型的会议，有针对性地发动与会者列举各种希望点，会后将希望点进行整理，经过分析选出若干希望点来进行研究，这种会议称作动脑会议。比如做一个台灯设计，有人希望小巧、方便收纳，有人希望自带电池、方便户外使用，有人希望光线柔和、不刺眼，有人希望外观时尚……将这些希望点集中并排序，根据希望点与可能性进行新产品的设计（见图 3-9）。

图 3-9 台灯设计

六、缺点（问题）列举法

缺点列举法是希望点列举法的一个变形形式。任何产品进入市场之后都会暴露出一定的缺点或问题，把这些需要改进的产品作为研究对象，把它们的缺点一一列举出来，在其中选择一个或者几个进行改进，从而创造出新的产品。这种方式往往能对现有产品做出很好的改良。另外，在生活或工作中发现的实际问题，也可以激发人们创造出新的产品。

比方说，我们在晚上躺着看书的时候会发现原来的台灯有很多不方便的地方：光线很难集中在文字上、光线影响别人休息、不方便移动等。于是，设计师利用 LED 以及导光技术设计出了书页阅读灯，这种阅读灯只需要夹在书页上就可以照亮阅读范围，体积小，便于收纳移动（见图 3-10）。

图 3-10　书页阅读灯设计

七、头脑风暴法等智力激励法

头脑风暴法是世界上最早付诸实施的集体思维法。它是美国 BBDO 广告公司的奥斯本博士首先提出的一种创造方法，也是在启发创意、激发联想方面使用较早的一种方法。它提倡运用人的智慧去解决问题，要求与会者自由奔放，打破一切常规和框框，随意地进行畅谈，发表意见，以便互相启发，引起联想，产生较多较好的设想和方案。当一个与会者提出一种设想时，就会激发其他成员的联想，而这些联想又会激起更多更好的联想，这样就形成了一股“头脑风暴”。心理学研究表明，人在轻松的情况下，思维比较活跃，故一般在头脑风暴会议前，主持人会讲一段笑话或让与会者看一些幽默短片来调节气氛。

头脑风暴法的目的就是在短时间内提出解决某一问题的许许多多的方法。想法越多，最后得到有价值见解的可能性也越大。因此，通过头脑风暴法通常可以得到一些意想不到的解决问题的好途径。

浙江大学工业设计系学生获 6 项德国红点 2010 年设计概念大奖，其设计的 Home of Firefly 是一盏利用生物能（萤火虫本身的光）而发光的地灯（见图 3-11），同时它为这种即将灭绝的生物提供一个获取食物和居住的地方。人们可以在灯内放入萤火虫的食物从而吸引萤火虫过来，与此同时也照亮了夜行的路。这是一种全新的公共照明方式。

八、检核表法

检核表法即根据产品创造过程中所要解决的问题，并对市场需求、使用者等诸多方面进行分析，确定重点要求，把有关的问题进行罗列，然后把这些问题一一提出来进行核对讨论，从而找到解决问题的方法。检核表法又称设问法，它往往以一种提问的方式进行。检核表是参阅一张列有不同目录、语词或问题的核对单，这样可以给人们以启示，促使人们从多种角度去思考、寻找线索以获得构想。图 3-12 是著名发明家奥斯本制定的一个检核表。

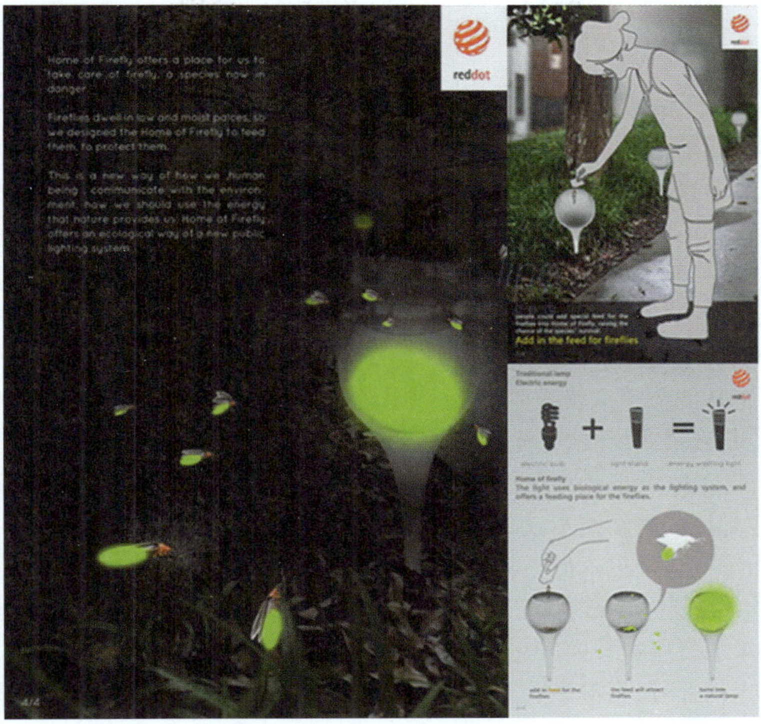

图 3-11　Home of Firefly

是否有其他用途?	此物是否有其他新用途？如果改变一下，它的另外用途是什么？
适合与否?	有其他什么东西与此物相似？由此想到的另外主意是什么？过去有无相似的东西？我可根据什么进行复制？模仿谁呢？
能否改变?	可否重新进行组织？可否改变一下意思？可否改变颜色、声音、味道和形状？其他变化呢？
能否扩大?	可以增加一些什么？延长时间？增加频率？增加强度？增大体积？增加厚度？增加额外价值？增加配料？复制成对？相乘成倍提高？夸大之后？
能否缩小?	可以减去什么？可否变得更小？能否凝结、压缩？能否制造成微型？能否变得更低？能否变得更短？能否变得更轻？能省略什么？能否进一步细分？能割裂否？能简略陈述吗？
能否替代?	谁可替代？可用什么作替代物？能否用其他成分替代？能否用其他原料替代？能否有其他的过程替代？能否用其他的强度替代？是否有其他场所替代？能否用其他的途径替代？能否用其他音调替代？
能否重新组合?	可否改变成分？用其他的方式行否？能否重新设计布置？用其他的顺序行否？改变原因是否会产生不同结果？能否改变速度？能否改变课程表、日程安排表、进程表？
可否反向?	可否正反倒置？能否里外反过来？能否前后倒置？上下倒置行吗？角色能否反过来？改变境遇会怎样？能否扭转局面？
可否综合?	可否把几个部件进行组合？能否装配成一个系统？能否把目的进行组合？能否把几种设想进行综合？

图 3-12　奥斯本制定的检核表

九、技术(功能)组合法

技术(功能)组合法是指按照一定的技术原理或功能目的,将两个或两个以上独立的技术因素通过巧妙地结合或重组,去获得具有统一整体功能以及新技术的创造发明方法。

把若干已有的技术、功能和创造构思巧妙地组合和融合,使之以新的面貌、新的功能形成新的产品。在创造的过程中一方面要注意有新颖性、独特性和实用性,组合不仅仅是机械的堆积,更不是简单的凑合,而是要形成形式新颖、技术独创、结构完整、功能协调的有机整体;另一方面,组合后的新产品功能应该大于组合前的各种功能的总和。

自20世纪80年代以来,在所有的创新中超过70%都来自于组合创新,那么如何进行组合创新呢?组合创新基本有三种思路:一是成对组合,它是把两种不同技术进行组合的一种创造方法;二是内插式组合,它是以某种特定的对象为主体,通过置换或插入其他技术进行发明或革新的方法,一般是为了使主体技术的功能发挥得更好或增加一些辅助的功能;三是辐射组合,它是以一种新技术或功能为中心,与一些传统的技术结合起来,形成辐射状的技术发散,从而形成多种技术创新的发明创造方法。

图3-13是由我国设计师设计的一款创意环保产品Bottle light,它不需要电源,只要将空的可乐瓶或矿泉水瓶瓶盖替换成它,然后反复挤压瓶子,形成的气流带动活塞运动,从而产生电能。其灯光朝下时,用于手电筒照明,朝上时,灯光进入瓶子里面,可烘托气氛。

图3-13　Bottle light

第四章　灯具开发设计程序

灯具设计是一个系统的设计与创造活动，它涉及开发的每一个环节，从最初的市场调研到方案设计、生产制造，直至营销策划和最后的回收再利用（产品的整个生命周期：产品、商品、用品、废品）都必须纳入设计活动的范围。

设计作为实践的活动，它是怎样在这个一般原理的指导下实现的呢？或者说怎样才是科学的产品设计流程呢？人类在长期的生产实践中总结归纳出：设计是围绕着需求、创造、评价三者展开循环而进行的。

设计的一般程序如图 4-1 所示。

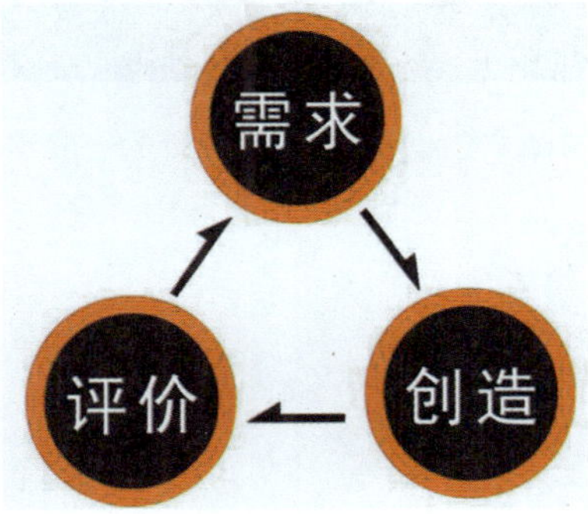

图 4-1　设计的一般程序

需求：设计的目的性。要做什么设计？解决什么问题？设计最终预计达到什么效果？

创造：满足需求或解决问题的方法和手段。往往需要利用创造性思维来进行。

评价：评判创造的效果。是否满足需求？是否很好地解决问题？新的创造可能会激发出新的需求。

灯具开发设计活动一般包括改良性开发设计和概念性开发设计（简称概念设计），在具体的设计过程中要考虑的因素有差异，基于这两种不同类型的开发设计也有不同的程序。

第一节　改良性灯具开发设计的程序

改良性灯具开发设计是在现有产品基础上的优化和改进设计，使产品更适合于人的需求、市场的需求、环境的需求，或者更适应新的技术手段。由于社会的发展、技术的进步永无止境，所以从这个意义上讲，灯具改良的可能性将是无限的。对于企业来说，改良性灯具开发设计也是适应市场需求、增强产品竞争力的重要手段。改良性开发设计相对于概念性开发设计来说，有更多的限制。新产品与原来的产品既要有延续，又要有一定的突破，这之间的“度”的把握尤其重要。改良性灯具开发设计的一般程序如图 4-2 所示。以下分六个阶段进行介绍。

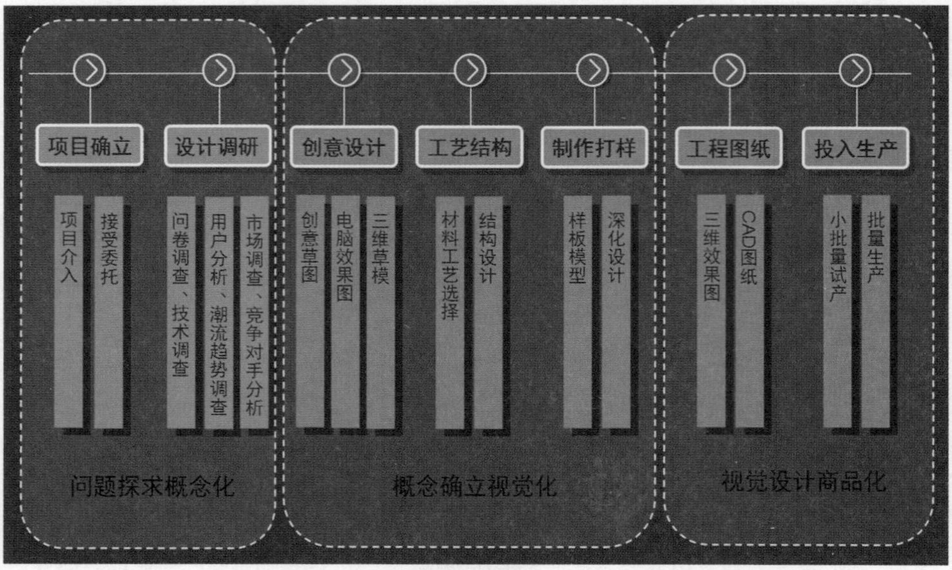

图 4-2 改良性灯具开发设计的一般程序

一、第一阶段:设计准备

目的:确立项目,安排设计计划。

步骤 1:项目确立。

当接受一项设计任务时,设计便开始了。改良设计的内容可能是新产品的改良,亦可能是原来产品的继续深入优化。在项目确立时,交流是非常重要的,因为在接受一项设计任务时,除了必须了解所需设计的内容,还应非常透彻地领悟设计要实现的目标。这就需要灯具设计师与客户、工程技术人员以及驻厂设计师进行广泛深入的交流。

步骤 2:专案小组成立,制订设计计划。

项目确立后,专案小组随即产生,设计计划和设计日程安排也应相应产生。在设计行为开始前,就必须对所有的问题有一个全面的衡量和分析。

制订设计计划应注意的要点有:

(1)明确设计内容,掌握设计目的。

(2)明确该设计自始至终所需的每个环节。

(3)弄清每个环节工作的目的及手段。

(4)理解每个环节之间的相互关系及作用。

(5)充分估计每一个环节工作所需的实际时间。

(6)预测或估计整个设计过程的要点和难点。

在认清各个问题之后,应将设计全过程的内容、时间、操作程序绘制成设计计划表(见图 4-3)。

二、第二阶段:设计研究

目的:把握需求,确立目标。

步骤 1:设计调查,收集信息。

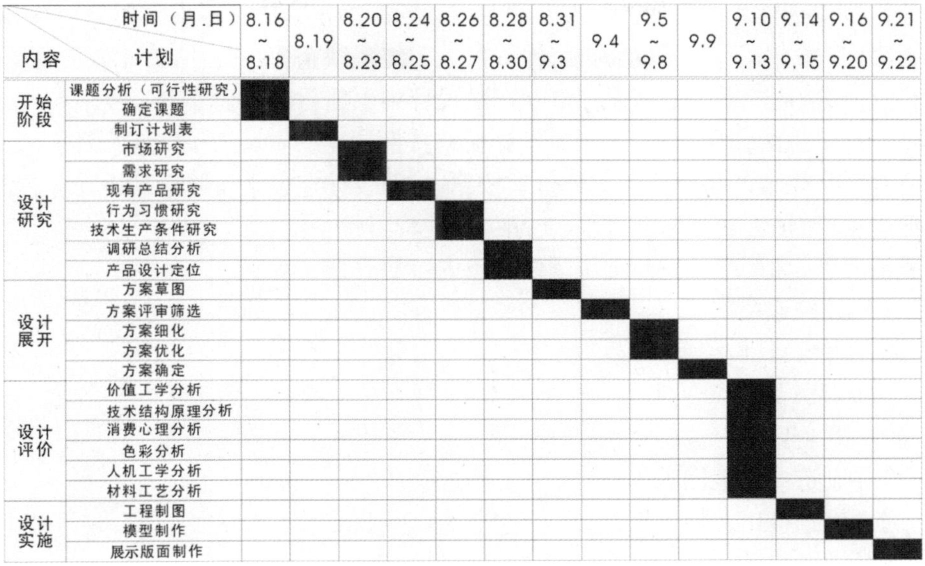

图 4-3　设计计划表范例

这是一个寻找问题、探索需求的过程。这些问题包括经济、文化、审美、技术、材料等。不同的设计不仅所涉及问题的领域不同，而且深入程度也各不相同。因此，怎样科学、有效地掌握信息、资料，是设计师所必须认真对待的问题。调查的内容包括竞争产品、产品市场、产品消费者、最新设计趋势等。设计师还要了解本企业的信息，包括过去产品的风格特征、通用配件、生产设备条件以及可接受的生产成本。最后将所收集的信息归纳整理，并进行研究分析。

灯具改良设计调查内容如图 4-4 所示。

调查类别	调查项目	调查项目具体内容
竞争产品调查	整体造型	造型特征、造型审美评价、使用方式、包装
	销售价格	零售价
	制造成型方式	成型方法、材料、表面装饰手段、制造成本
	产品优点	产品在设计、技术、制造、价格、销售等方面的优点
产品市场调查	造型样式汇总	所有同类产品造型图资料汇总
	销售价格范围	同类产品销售最低价与最高价
	制造方法汇总	所有同类产品制造方法汇总
	各产品优点汇总	不同产品的优点汇总
产品消费者调查	造型风格评价	造型审美偏好评价
	优缺点评价	突出的设计优点及缺点
	产品质量评价	感官质量评价、实际质量评价
	产品价格评价	价格高低评价、性能价格比评价
最新设计趋势调查	最新造型特征	著名品牌产品总体造型与局部造型特征
	最新造型方法	新成型材料与工艺方法的使用
	最新制造手段	单件加工方式、组装方式、安装与维修方式

图 4-4　灯具改良设计调查内容

步骤 2：设计定位。

设计定位就是针对产品设计所涉及的各方面问题确定具体目标或方向。它在整个设计过程中有决定性的作用。如果没有设计定位,就不能反映企业想要什么,不能体现企业或客户的真正意图,造成决策者的意愿在灯具产品设计中不能得到全面实现。

产品设计定位的作用如下:①产品设计活动按照一定方向展开,避免了无序、发散的无效设计行为。②保证产品设计方案评价有依据,按照设计定位来检验产品设计存在的问题。③可以促进生产、销售紧密配合,促成产品生产流程目标一致。

一般情况下,灯具产品设计定位围绕以下内容展开:

(1)产品档次或层次。

(2)产品形象特征。

(3)产品识别要求。

(4)产品竞争要求。

(5)产品制造成本范围。

(6)光源的选择以及控光设计。

(7)产品的文化附加值。

(8)产品色彩应用特别要求。

(9)产品成型工艺特别要求。

(10)产品制造材料应用特别要求。

(11)消费群体对产品设计的需求。

(12)对销售时间及产品寿命的要求。

(13)产品与包装。

(14)产品与品牌的关系要求。

三、第三阶段:设计展开

目的:创意构思,确定方案。

步骤1:方案草图。

根据拟订的目标,通过选择、突破、重新建构,以及灯具设计师各方面的构想,得出一定量的解决问题的方案。方案草图(草案)应全面反映灯具形态、色彩、使用环境及产品外部结构大致关系。草案的创意设计是广泛的、多角度的、多风格的,除定位约束外,没有其他任何因素约束。草案的形式是多层面的,如针对整体特征的粗轮廓草案,针对细节的局部草案,针对色彩的色彩草案等。草案力求快速、大量,不限于特定表现方式,多以徒手绘图表现,也可以利用计算机绘图表现。

灯具改良设计草案如图4-5所示。

步骤2:方案的评估筛选。

专案小组内部讨论各方案,对各方案进行评估和可行性研究,以对设计想法进行筛选。初步筛选的目的是去掉一些明显没有发展前途的设计概念,所保留的设计发展方向可宽一些。在方案筛选阶段,要注重以产品设计定位来评估所有草案,要选择符合产品定位、有创意、较合理的方案。这样可以使设计师集中精力对一些较有价值的设计概念做进一步的深入设计研究。

对设计概念的评估是一个连续的过程,它始终贯穿在整个设计的过程中。选择是评估

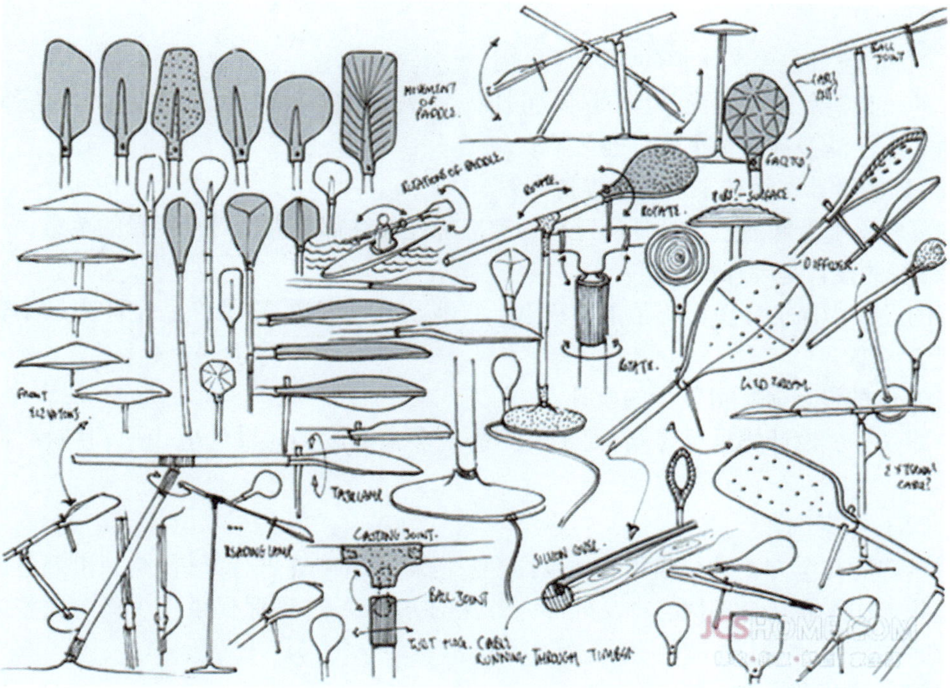

图 4-5　灯具改良设计草案

的最终目的，由于灯具产品设计的范围很广，各类灯具的使用功能、使用对象、使用环境等情况各异，因而在对不同类别的灯具设计概念进行评估与筛选时，其具体内容和侧重点也有所不同。

好的设计的十大原则如下：

(1)好的设计是革新的。

创新的可能性还远没有被穷尽。技术的发展不断为设计理念提供新的起点，以提升产品可用性。但设计的革新应与技术的革新相连，永远不要为了设计革新而革新。

(2)好的设计是实用的。

产品是供人使用的，它应履行一定的功能——主要功能以及额外的心理和审美上的功能。好的设计是为了提升产品可用性，与此目的无关甚至相悖的一切都不应加以考虑。

(3)好的设计是美观的。

产品的审美品质也是实用性的一部分，日常使用的产品影响着人们的生活环境和幸福感受，但只有真正优秀的产品才能是美的。

(4)好的设计使产品易于理解。

设计应当以合理方式表明产品结构，让产品说话。好的设计是自明的，即它能够自己解释自己。

(5)好的设计是谨慎克制的。

履行某种功能的产品具有工具属性，它既不是装饰物，也不是艺术品。因此，它的设计应该是中性的，为人的自我实现留出空间。

(6)好的设计是诚实的。

产品不应该看起来比实际上更创新、更高效和更有价值，它不试图通过无法兑现的承诺来操纵消费者。

(7)好的设计是经久永恒的。

好的设计避免迎合时尚,也因此不会过时。与短命的时尚设计形成鲜明对比,它即使在当今的一次性消费社会里也同样经久不衰。

(8)好的设计在细枝末节处也维持一致。

不要容忍随意和偶然。设计的逻辑性和准确性最终都是表达对消费者的尊重。

(9)好的设计是环保的。

好的设计为保护环境做出了重要贡献。它涉及节约资源,以及产品设计中最小化的物理和视觉污染。

(10)好的设计是尽可能少的设计。

少即是多。设计侧重于要领,而不是产品上多余的废物。设计应当回归纯粹,回归简单。

步骤3:方案细化。

对所选的几个方案进行细化处理,对造型、色彩及结构等进行分析,绘制出规范的设计图。细化工作主要从合理性与产品外部完整性两方面展开,确保提供一个概念完整的产品设计方案。

步骤4:方案优化。

方案优化主要是设计者和设计部门向评审人员(或客户)就设计做出说明,并对其提出的问题做出回答,共同就不明确的问题展开讨论。通过这种方式的交流,充分反映方案中存在的问题,体现大多数人能够接受的设计方案或设计倾向,从更多角度、最大范围产生一个更为合适的设计方案。

步骤5:方案确定。

步骤2~4是一个循环往复的过程,方案要经过不断的深入细化、评估、优化等一系列过程,直至方案被最终确定。

四、第四阶段:结构设计、制作打样

目的:设计实施,进一步论证方案合理性。

步骤1:结构设计。

根据方案进行结构设计,这个过程中需要注意的是,结构设计师和灯具设计师要频繁交流,确保设计师的原创意图得以最大程度的表现。

结构设计要通过设计制图来完成。设计制图包括外形尺寸图、零件图以及装配图等。这些图的制作必须严格遵照国家标准。设计制图为工程结构设计提供依据,也是对外观造型的控制,所有进一步的设计都必须以此为基准。

最后提交结构文档(如pro-e文档)、二维工程图、效果图等文件。

步骤2:灯具打样。

根据提供的各种文件,进行样板模型制作。通过该过程进一步论证整个设计方案的合理性和完善性,对不合理的地方及时进行更改。灯具设计模型制作方式大致有以下几种:

(1)产品模型制作:模型制作有缩小比例制作与1:1制作。模型按材料不同有非相似材料模型,如石膏模型、油泥模型、发泡塑料模型等;有相似材料模型,用与产品材料一致或相似的材料制成模型,如注塑产品的ABS材料模型。产品模型制作主要用于产品造型设计的评价。

(2)灯具首板制作:运用一致的材料或相近的材料制成1:1模型,并将光源、电线等电气附件安装在首板上,首板应完全反映灯具总体结构关系,可以用来演示,但不可用于正式使用或销售。

(3)灯具打样:是指第一款正式制造的样品,用于保证后续批量生产的正确性。灯具打样加工效果要求与正式批量生产效果一致,样板可以使用,但不用于销售,它可用于最终检验产品设计的所有问题。

五、第五阶段:设计评价

目的:决定产品是投入批量生产还是再进行修改完善。

灯具首板或样板加工完成后,要求对设计做最终的审验评价,这关系到产品是投入批量生产还是再进行设计修改完善。方案评价是从问题定义的观点出发,批判和研究、解答每个问题,尽可能地加以组合比较,同时探讨方案的科学性。设计者应使用"移位"原则,站在使用者立场上,缩小企业与使用者评价之间的差距。

在设计整体评价结束后,主要的设计工作也就完成了,产品进入批量生产阶段。在产品上市后,设计人员应对市场、使用者进行跟踪,并对反馈的信息进行综合分析,为进一步改进设计方案做准备。

六、第六阶段:后续工作的完成

目的:完成设计总结,规范设计管理。

这一阶段的主要工作是编制设计报告,设计展示版面,也可根据要求设计产品说明书、产品包装等。

设计报告是以文字、分析、图表、草图、效果图、照片等形式所组成的设计过程的综合性报告,也是对整个设计工作的一个总结,其制作要全面,又要精练、简洁、突出重点。设计报告一般来说应包含以下内容:目录、设计计划时间进度表、设计调查、分析研究、设计构思展开、设计展开、方案确定、综合评价。

展示版面可概括表达设计者的设计思想,也是设计者表达技术的一种形式。展示版面大致内容包括:前言,即论述进行该设计的目的;市场分析,即进行同类产品比较;使用状态分析,使用环境分析;设计目标确定;效果图;深入设计,人机分析,技术可行性研究;工作原理;三视图;色彩方案。

第二节　概念设计的程序

一、概念设计发掘需求,创造合理的生活方式

概念设计一般是指发掘未来人们生活方式中的新的行为需求的活动,这种需求是潜在的,需要设计师发掘。

设计师要善于发掘生活需求,并运用现代的科学技术手段解决问题。通过设计,可以把

技术的潜在价值发挥出来，使科技成果更加贴近人们的生活，更好地为人类服务（见图4-6）。科技资源需要设计加以综合利用，变成优质的新商品，被市场大量地吸收，才能完成科技的社会财富化，发挥科学技术的作用。

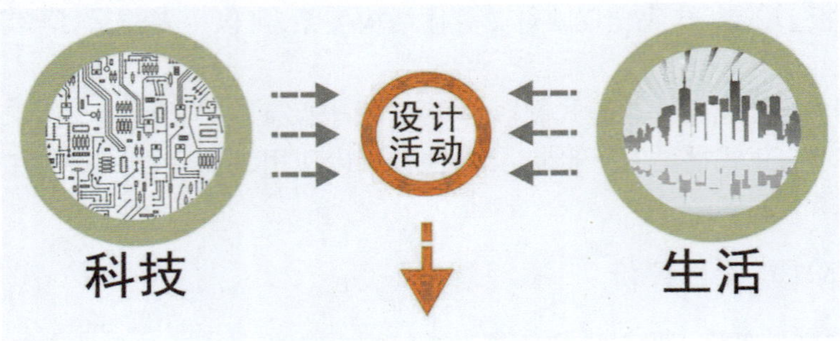

图4-6　设计架起科技与生活之间的桥梁

技术创新是一方面，而应用这些技术创新则是更为重要的一方面，叫作“创造性应用”，再高端的技术也需要被应用于人们生产生活的各个领域。如果把技术比作一粒孕育着无限希望的“种子”，那么设计师就是辛勤的园丁，他把这粒希望的种子播种进肥沃的土壤里，浇水施肥，直到其成长为能遮阴纳凉的参天大树。技术产业化示意见图4-7。

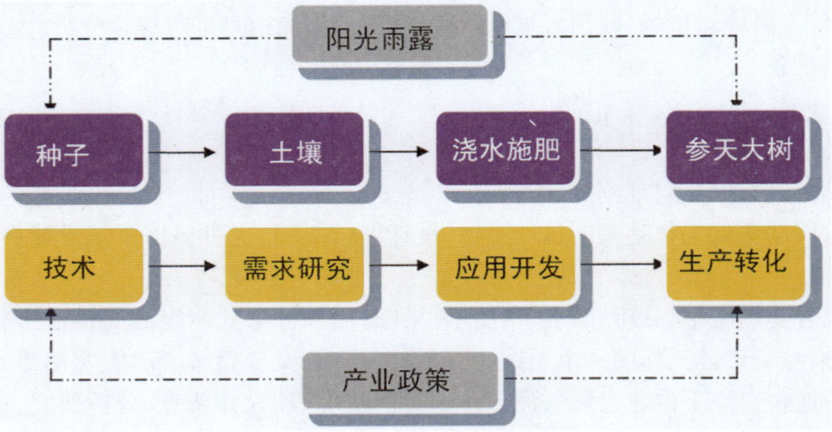

图4-7　技术产业化示意

当前我国的工业设计还处在一个很浅的层次，没有形成完整的原创设计链（见图4-8）。现在我们的设计师就是个形式供应商，只能做到改头换面、穿衣戴帽，这绝对不是原创，绝对不是创新。我们必须把设计的活动范围从原来的工业设计中最浅层的外观造型设计，往前推到原理研究和样机试验研究上。科学家是发现原理的人，而设计者要把研究原理跟生活结合起来提出一个试验型的概念样机，再开展细节设计，进入生产转化、成果推广这么一个完整的全程性的原创设计链。其工作过程可以表述为：原理研究—样机试验研究—细节设计—生产转化—成果推广。原理研究与样机试验研究是原创设计的最大特点，是原创的来源，也是我国加工制造产业所急需的向深度、广度、职业化发展的方向。

设计不见得非要用什么高新技术，而是要运用科技成果的创新来制造人们生活中需要的产品。例如，图4-9是一种薄片读书灯，通过柔性发光二极管照明，为夜晚读书提供光线。薄片读书灯很薄，可以贴近书页，甚至能够当书签来使用。

图 4-8　原创设计链

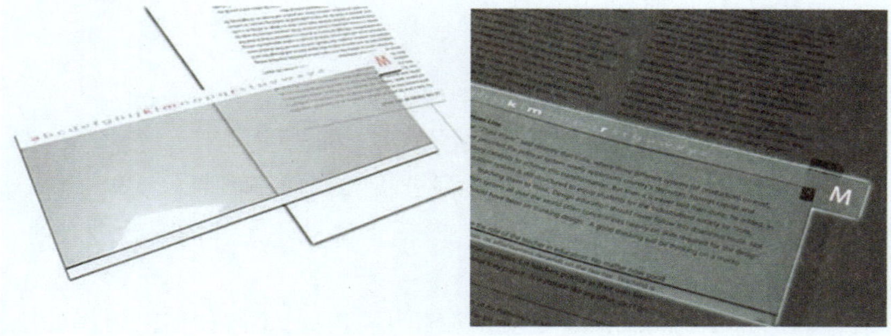

图 4-9　薄片读书灯

节能环保正逐渐成为现代社会的共识，而光导照明系统利用简单的光学原理创造了一种全新的照明方式。光导照明系统（见图 4-10）通过采光罩高效采集自然光线，将其导入系统内重新分配，再经过特殊制作的导光管传输和强化，最后由系统底部的漫射装置把自然光均匀高效地照射到任何需要光线的地方，得到由自然光带来的特殊照明效果。光导照明系统与传统的照明系统相比，存在着独特的优点，是真正节能、环保、绿色的照明方式。

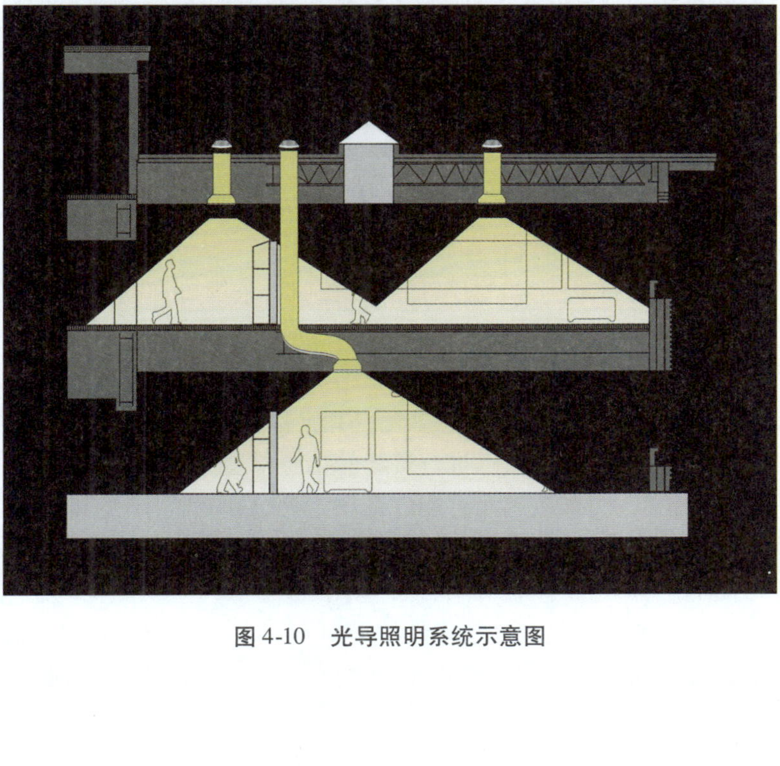

图 4-10　光导照明系统示意图

二、概念设计的流程

概念设计一般是企业和生产部门制订的在未来5~10年甚至更加长远的时间段内进行的一个产品研发的计划。概念设计的特点主要体现在突破性和前瞻性两个方面，它的任务是把握创新的脉搏，使企业领先市场潮流，使设计在占领市场份额中起到关键作用。概念设计思路的形成是一个不停探索和反复的过程，直到最终想法的产生。设计师所面临的问题相对于改良性设计来说更具有挑战性。

（一）第一阶段：开始

目的：获取设计信息，把握方向，制订计划。

步骤1：获取产品信息以及客户信息。

了解客户的品牌历史、发展经历，以及客户的主要经营范围。

研究所设计的产品的发展趋势以及未来的模型。

针对收集的客户信息和产品信息进行数据分析和调研，确保对客户的整个情况有清晰明确的了解。重点分析在品牌发展的基础上，现有产品的不足和需要改进之处。

步骤2：同客户讨论设计方向。

仔细听取客户的意见，特别是客户对市场部门的意见，了解他们对市场的反馈信息。要注意和市场部门的人员交换观念，不能过于保守地从设计师自己的观念出发，而要和市场潜在需求结合起来。

初期讨论结束以后，签订设计合同以及合作意向书，确定整个设计的主题、设计方向以及要达到的设计目标。

步骤3：安排日程、预算，进行人力配置。

对设计项目需要的时间、花费的经费进行安排。

设计小组的成立以及人员的安排，需要精心地配置，保证每一个岗位都有合适的得力人员来负责。整个项目经费合理可行，达到最优化配置。

（二）第二阶段：分析

目的：深入调查分析，进行战略定位。

步骤1：市场调研初期分析。

开展对权威数据库的调查以及对商场的实地调查（拍照、测量以及设计师自身对产品的使用感受），并对结果进行分析统计。

应对目标用户进行访问测试，范围尽可能广，数据力求准确，问卷以及调查语言力求客观翔实，注意照片资料的收集和整理，其是后期设计的参考依据。

选择目标用户进行深入访谈，对他们的家庭结构、收入、生活方式、消费方式等进行详细的深入访问，了解他们对目标产品的态度、实际使用产品出现的问题，以及期望产品的特征。

对产品的使用环境进行分析，重点进行资料的拍照整理。

在街头进行随机访问，力求范围尽可能广，以了解大众的消费趋势和心理。

步骤2：当前市场局势和相关品牌图表分析。

了解目标产品的定位，这个步骤对于后面概念的发展具有重要的奠基作用。例如，韩国三星电子公司对于产品的定位是感性与理性的平衡。

针对主要的相关产品进行品牌定位和知名度分析。广泛收集市面上相关产品的图片，目标消费者和设计师代表进行排列筛选,并进行同质化分析。

针对主要品牌产品进行产品形态区位图分析。了解市场上产品的形态分布,以及自己设计的定位区间。

对主要竞争对手的品牌策略、理念以及可借鉴的地方进行统计分析。

进行空白点分析,找出现有市场中尚未有良好解决方案的地方,也就是我们设计的机会点。

步骤3:科技和社会发展趋势分析。

针对相关品牌最新发展动态进行查阅,了解现今世界上领导品牌的发展程度以及相关的关键技术。要充分重视科技对产品的直接推动作用。

进行用户分析,了解目标人群的社会需求以及心理需求,分析现今社会发展中人们遇到的问题和困惑,尝试着用不同的设计思路去解决。

设计师应该对文化有强烈的敏感程度,了解全球化背景下的文化观念和人的观念。设计师可以从本土文化中汲取无可取代的独特的价值进行设计,要学会从整体的高度去观察不同的文化特征,要努力去发掘不同文化中的精髓。拥有广阔的思维和开放的头脑是一名优秀设计师的特征。

步骤4:关键词的提出。

将以上分析归结为3~5个关键词,借此展开相关语意的分析,并进行细化分析,试图找寻出更加细致贴切的描述方式。

关键词不宜过多,注意区分性和条理性,必须言之有物。

步骤5:未来战略定位分析。

对目标产品将要解决的问题进行可行性分析,并进行比较详尽的战略定位分析,对其目标人群、预期的策略进行描述和展望。

(三)第三阶段:构思

目的:设计展开,发挥创造。

步骤1:综合设计想法。

通过脑力激荡和小组讨论分析,在初期尽可能地采用发散性思维,应用KJ方法找出产品的缺点所在。

进行大量设计草图的绘制以及筛选。

对产品细节进行进一步的分析和探讨。

步骤2:在设计趋势分析的基础上选择设计方向。

从纷乱的设计想法之中,结合前期的调研分析结果以及与关键词的匹配程度,来确定设计方向。

小组投票评选需要进一步展开的设计方案。

步骤3:二维以及三维图纸设计。

针对要展开的草图用二维绘图软件绘制出六视图。主要目的是调整草图中尚未表达清楚的结构关系、比例关系,进行色彩和表面材质的初步设定等。重点是要忠于表现草图的原始感觉。

二维设计完成以后,为了进一步发掘产品的真实效果,便于客户理解,需要制作三维效果图。三维效果图可以清晰地从每一个角度去探讨产品的造型特征,以及表面材质的肌理效果。

步骤4:模型制作。

模型要清晰地表现产品的外观结构,便于设计人员用手来感觉物体的空间形态,这样才能最真实地感受产品的效果。这个环节是概念设计的重要环节,往往要制作大量的模型来进行测试。

设计师必须有严谨的态度,要保证每个设计环节的准确性。尤其在交叉环节,比如将电脑的三维模型转换成实物模型时,应该尽量避免失真。

(四)第四阶段:定案

目的:设计实现,试生产、试推广。

步骤1:结构设计。

主要工作是将模型转换为pro-e或其他数据文档,结构工程师进行计算机辅助设计以及结构设计的工作,并对产品的装配以及内部结构线路的安装、结构强度和耐用性进行分析。在这个阶段,设计师要紧密地和结构工程师进行沟通,确保产品的概念得以切实落实。

步骤2:产品的CMF(颜色、材料和表面)设计。

产品设计师需要和材料供应商合作,针对产品的需要,与材料供应商共同确认产品颜色的色板。

步骤3:样机的制作。

对产品模型内部进行装配,制作出可以使用的样机,进行各项指标的测试。

步骤4:人机分析,可用性分析。

步骤5:模具检查和表面检查。

步骤6:第一次试模颜色的调整。

步骤7:小批量的产品试投放使用。

步骤8:包装设计以及产品的推广策划。

(五)第五阶段:评估

目的:对设计进行评估、追踪,寻求新的改进或决定批量生产。

步骤1:合作伙伴的反馈。

产品投放市场以后,继续追踪产品的销售情况、使用情况,并及时反馈结果,与生产方联系,及时改进产品。

步骤2:市场的反馈和使用者的反馈。

步骤3:追踪和评估。

步骤4:方案的改进。

第三节　灯具开发设计实例分析

一、LOVELY DOG 礼品灯具设计

(一)产品策划与定位

1. 项目介绍

我国是一个礼仪之邦,自古崇尚“来而不往非礼也”,13亿人口的礼品市场有着巨大的

市场容量和增长空间。我国每年的礼品消费超过600亿元,礼品市场将会在一个长时期内保持稳定高速增长,而目前LED礼品台灯正处在市场开拓阶段,其市场潜力巨大。

本项目定位在中低端,适用于学生和女性白领,区别于现有市面上的台灯,改变了以往的台灯销售形式,以"礼品"作为台灯的卖点,造型小巧、生动可爱,颜色变化多样。

2. 礼品台灯设计分析

1)人群定位探讨

小学生喜欢看卡通片,玩卡通玩具,喜欢鲜艳的颜色以及可爱、充满童趣的造型。

中学生喜欢颜色鲜艳、造型别致新颖的台灯,热衷于运动、上网、聊天等;喜欢独处时打开台灯,营造属于自己的空间,喜欢个性、夸张、酷炫的设计。他们虽然对LED等新技术不大了解,但是追求更好的照明效果。

年轻时尚的女性白领,喜欢简约,追求有个性、品位、艺术感的产品;比较了解LED等新技术,乐于接受和尝试新鲜事物,更愿意提前体验科技带来的生活改变。

2)整体风格探讨

整体风格归纳如下:

用户人群	喜好	审美心理
儿童	卡通、动物	可爱、童趣
中学生	运动、上网、聊天	个性、简洁
女性白领	购物逛街、电视剧、旅游	亲切、温馨

3)礼品台灯设计趋势

造型设计独特、形态亲切可爱、多变,结构设计便于台灯的运输、组装、收纳,照明空间大。

4)台灯外观定位探讨

中低价位,更简约,更个性,造型更有鲜活的生命力;产品定义和工业设计先行,硬件布局后期调整。

3. 市场主要的礼品台灯分析

分析实例如图4-11~图4-13所示。

图4-11　卡通类台灯(造型可爱小巧、色彩明亮、深得人心)

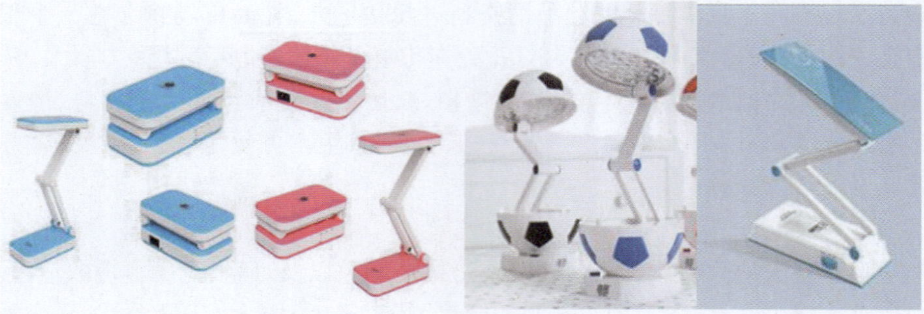

图 4-12　**折叠类台灯**(容易收纳、方便运输、占用空间小、使用方便)

图 4-13　**夹台类台灯**(针对于床头、功能性强)

4. 造型元素分析

1)造型元素提取

狗是与人类生活相伴的朋友,提取狗的灵动抽象造型作为设计灵感。

狗的不同姿态:站姿、坐姿、爬姿,如图 4-14 所示。

图 4-14　**狗的不同姿态**

2)色彩分析

色彩分析如图 4-15 所示。

图 4-15　色彩分析

礼品台灯用色上使用的都是华丽、活泼的色彩，特别是针对学生群体和女性白领的设计，色彩大多绚烂，这两个群体的人大多喜欢可爱小巧的东西，天性会被色彩绚丽的东西吸引。

(二)二维效果图渲染

1. 概念草图设计

概念草图设计如图 4-16 所示。

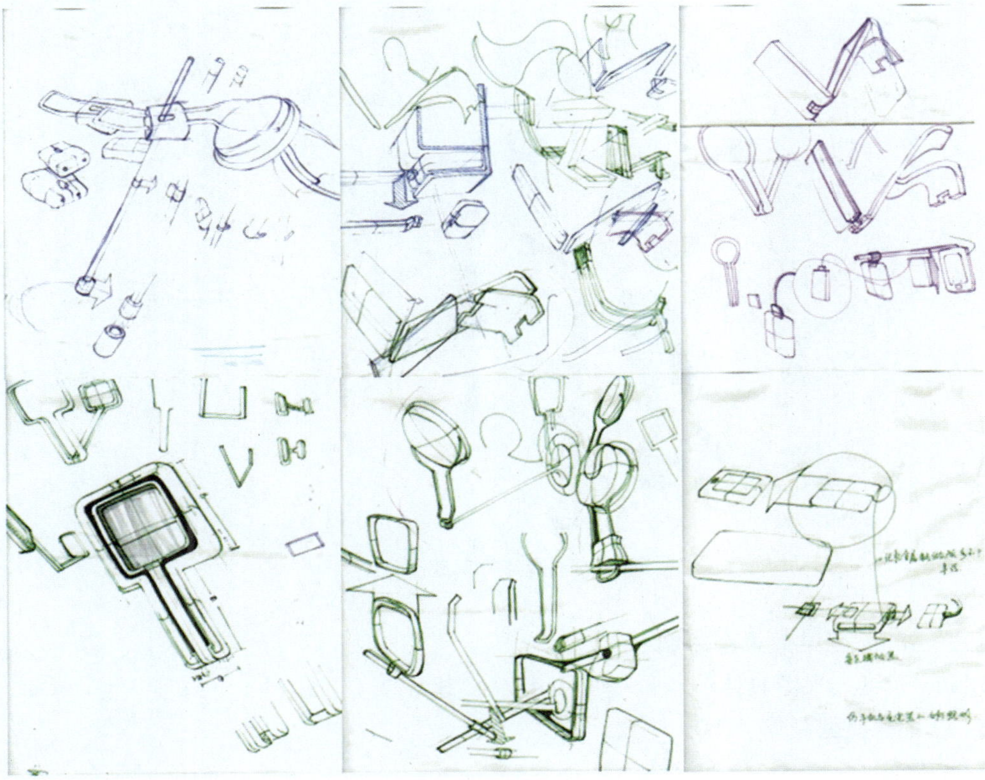

图 4-16　概念草图设计

2. 最终方案草图选定

最终方案草图如图 4-17、图 4-18 所示。

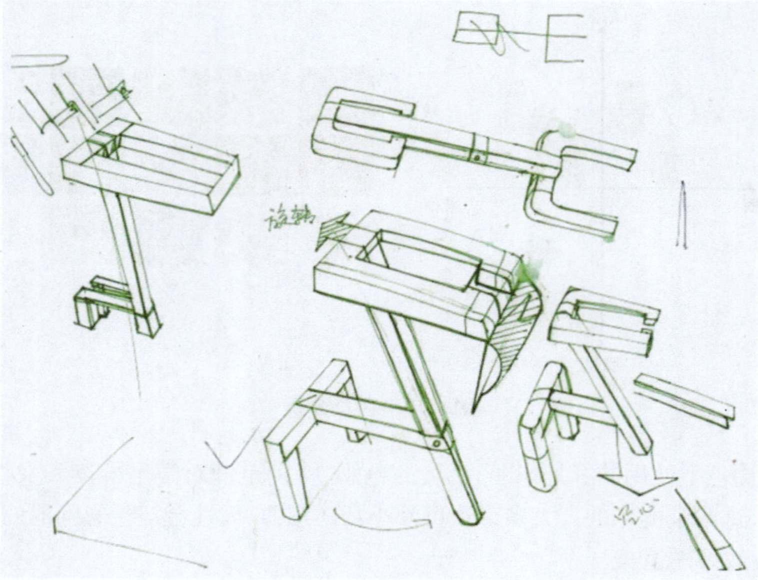

图 4-17　最终方案草图(一)

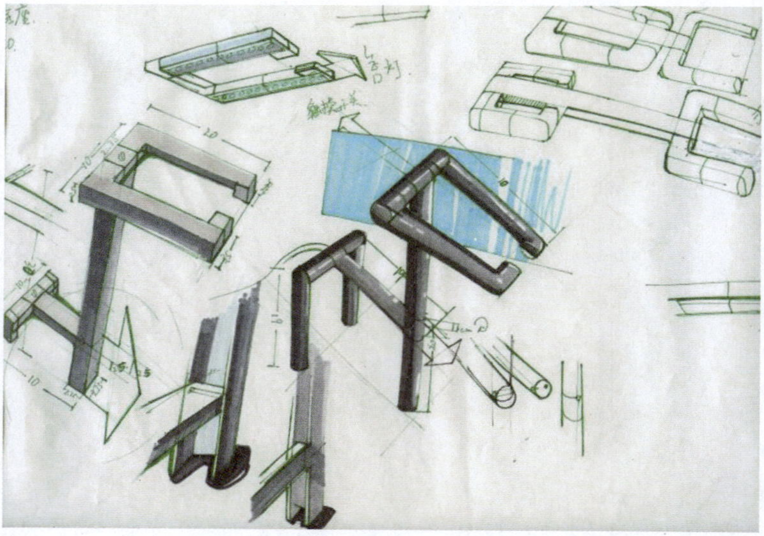

图 4-18　最终方案草图(二)

(三) Rhino 三维效果图绘制

Rhino 三维效果图具体绘制过程见图 4-19 ~ 图 4-27。

(四) 手板模型制作

1. 结构设计

结构设计如图 4-28 所示。

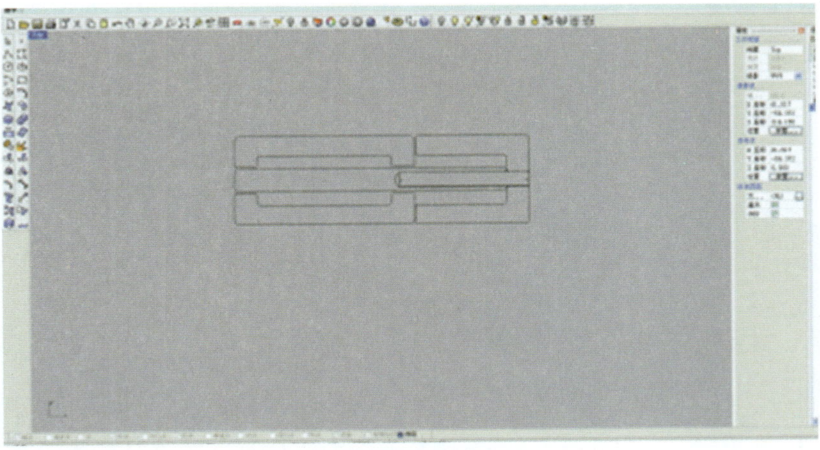

图 4-19　应用“曲线”工具建立台灯的建面曲线并圆角

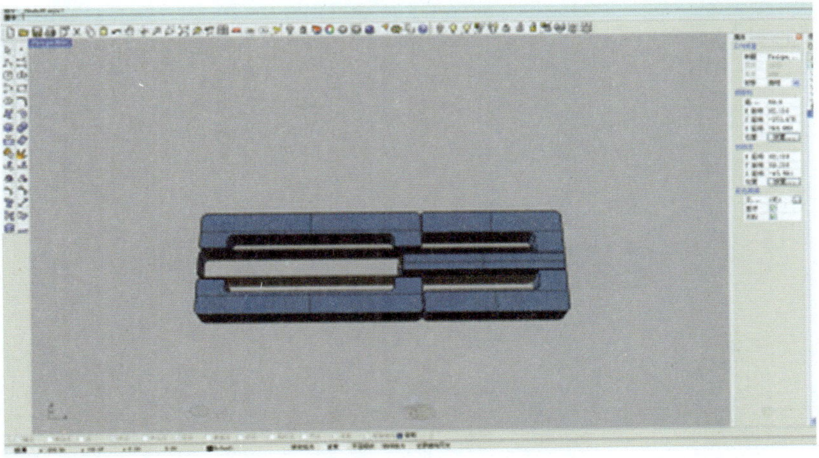

图 4-20　应用“挤出封闭的平面曲线”工具建立台灯的面

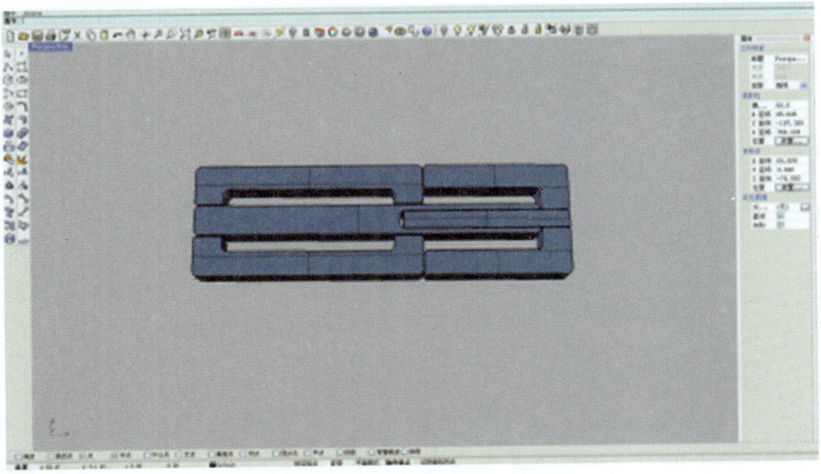

图 4-21　应用“以平面曲线建立曲面”工具完善台灯的面

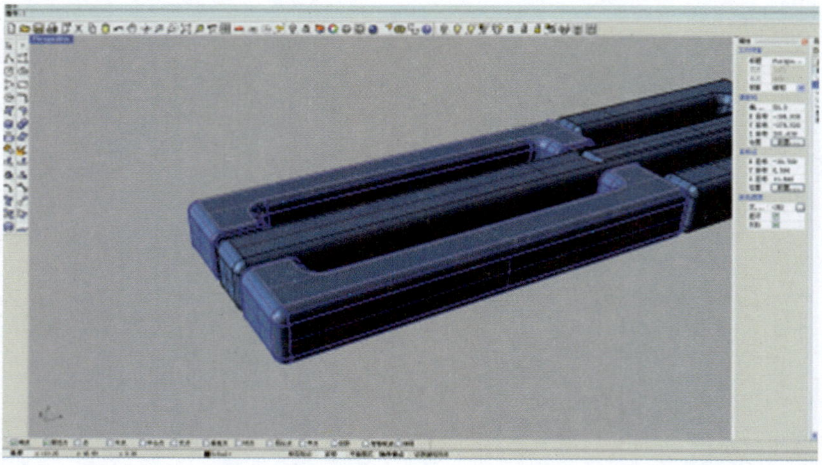

图 4-22　应用“不等边距圆角”工具进一步完善台灯的面

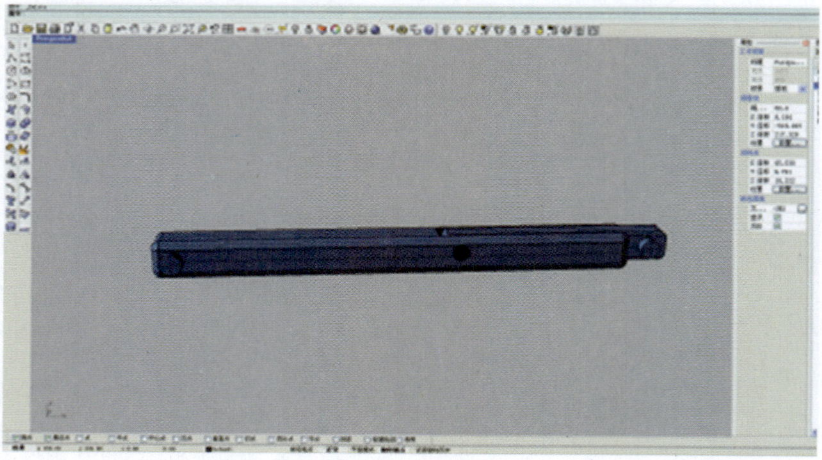

图 4-23　增加台灯内部的转轴结构

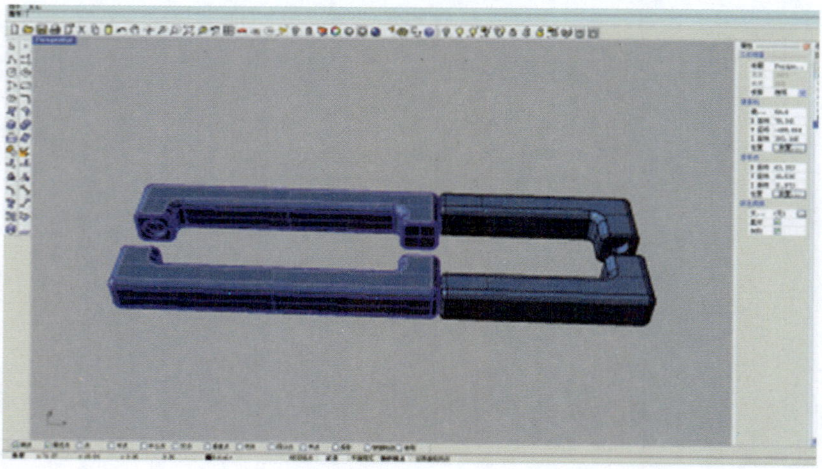

图 4-24　完善台灯支撑的另一部分内部的转轴结构

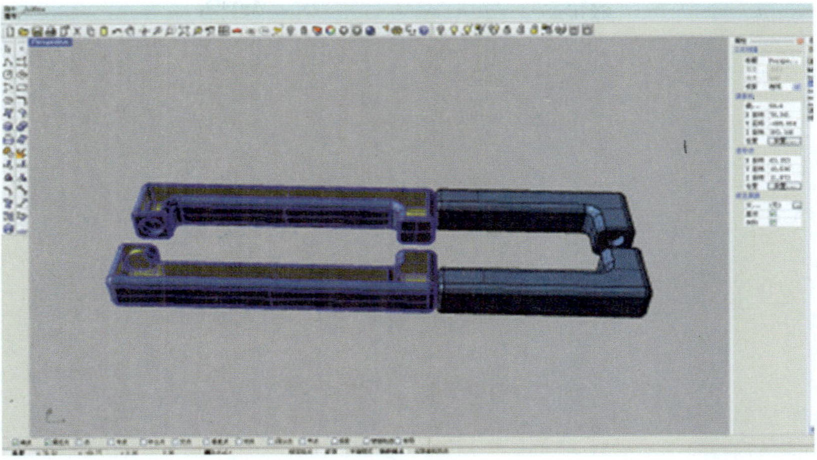

图 4-25　应用“抽出曲面”工具抽出放置 LED 二级发光管的面

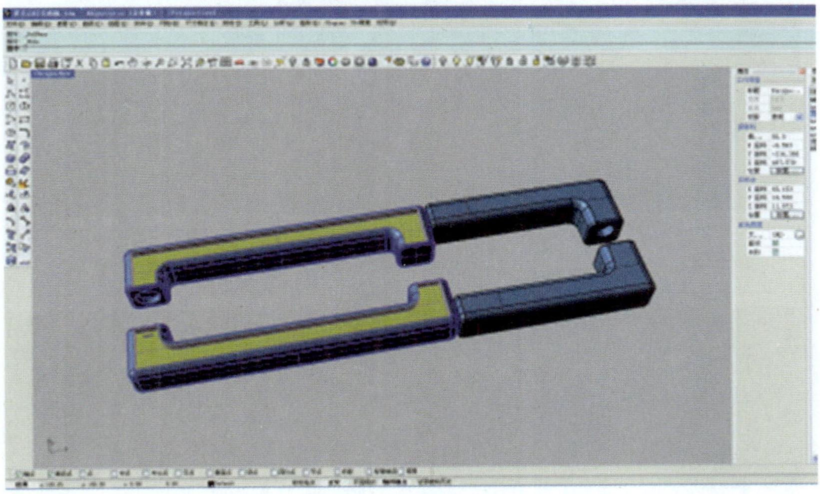

图 4-26　编辑好面并把台灯的各个部位分层

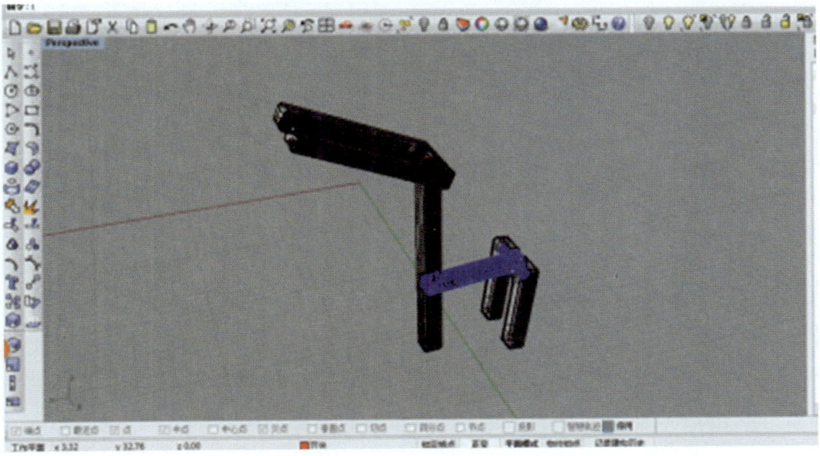

图 4-27　把台灯的各个部位进行二维旋转并保存

图 4-28　结构设计

2. 结构件拆解

结构件拆解如图 4-29 所示。

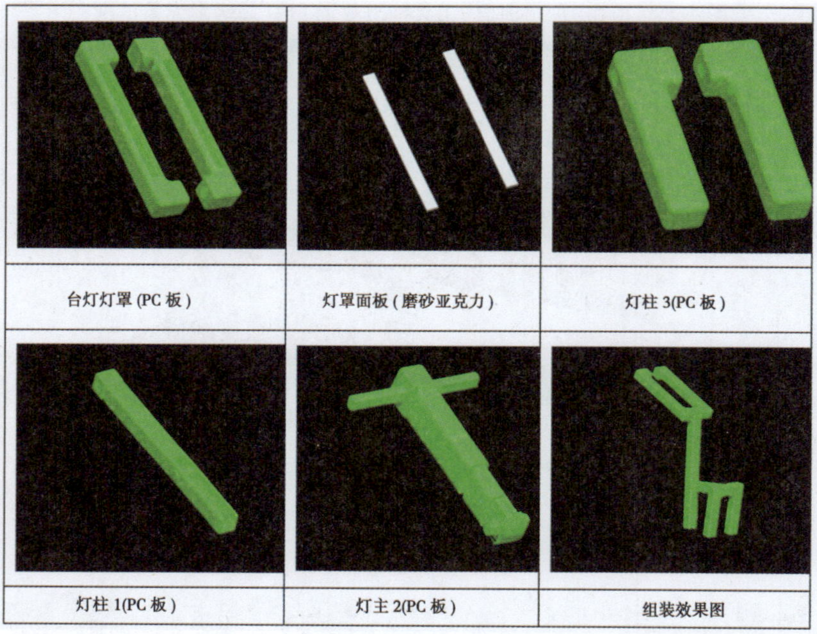

图 4-29　结构件拆解

3. 配色分析

配色分析如图 4-30 所示。

二、实例分析——“姹紫嫣红”吊灯开发设计打样实例解析

(一) 前期创意构思

在前期创意构思阶段，想设计一款具有我国传统元素的灯具，把我国传统元素融合到现代的灯具设计中去，让我国传统元素在现代设计手法的全新诠释下焕发新的活力。我国传统元素有很多，比如众所周知的书法、印章、剪纸等，但是如何找到一个契合点融入到灯具设计里面去，这才是要思考的问题。经过一段时间的反复酝酿，想到了我国传统的大红灯笼。红色是我国文化中的基本崇尚色，它体现了我国人民在精神和物质上的追求，象征着吉祥、喜庆，如把促成他人美好婚姻的人叫“红娘”，喜庆的日子要挂大红灯笼、贴红对联、红福字

图 4-30　配色分析

等；它也象征顺利、成功，如人的境遇很好被称为“走红”“红极一时”；它还象征美丽、漂亮，如称女子盛妆为“红妆”或“红装”等。所以，红色是一种非常好的颜色，既时尚，又能给人以喜庆的心理感觉。传统的灯笼用的材料都是竹、纸、布等，大部分是圆球的造型，设计师在草图构思的时候尝试用圆柱体去设计灯的外型，重新演绎简洁时尚的造型。

整个创意草图最大的亮点就是用许多红色的绳上下穿插拉伸，形成错落、疏密、聚散的丝网罩（见图 4-31）。这个创意点是受到了北京奥运会鸟巢体育馆建筑外部造型手法的启发，设计师想到了用红绳。将红绳这种材料应用到灯具设计中，一是在选材上就比市场上已有的灯具新颖，二是能传达带有我国传统喜庆色彩的韵味，在视觉上比较抢眼。整个方案在选材上用的都是非常时尚流行的刨光电镀不锈钢、乳白色玻璃、红绳、进口水晶等材料，让整个吊灯给人一种轻盈、时尚的感觉。通过内置节能灯的发光，晶莹剔透的水晶会形成斑驳阑珊的光影效果。设计草图如图 4-32 所示。

图 4-31　创意分析

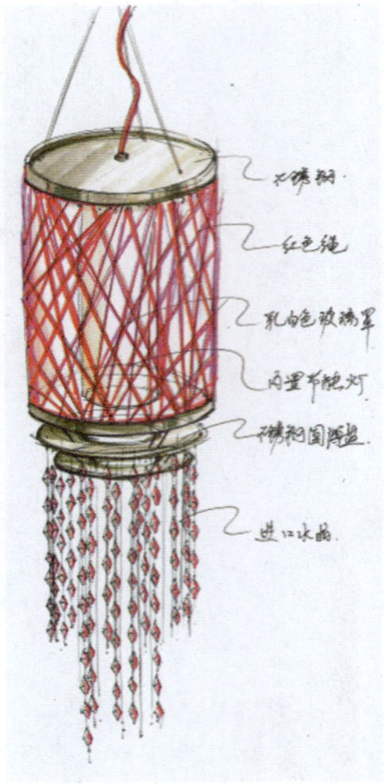

图 4-32　**设计草图**

(二)三维效果图的渲染

前期的创意草图出来之后,接下来比较重要的任务就是要进行电脑的三维虚拟建模渲染,前期的创意草图在推敲方案时是非常重要的,可以很快速地表达出所要的造型,修改起来也比较方便。创意草图画好定稿之后,才能进行电脑的三维虚拟建模渲染。在建模渲染这一阶段中,最主要的任务就是不断地去推敲造型、细节、色彩、材质,慢慢调配,达到自己比较满意的效果(见图 4-33)。

图 4-33　**电脑效果图**

（三）交流方案

这个阶段的任务就是小组成员之间碰头、交流、讨论。对每个方案参照现有的灯具，确定大体的尺寸，为下一步的具体 CAD 尺寸图做好准备。

工程师拿到设计方案之后，就设计的创作理念、尺寸比例、材料选购、色彩搭配、光源选择等问题与物料组长进行详细的说明。在相互交流的过程中，各人凭借丰富的经验，可以提出富有建设性的修改意见，以便于把方案做得更加完善（见图 4-34）。

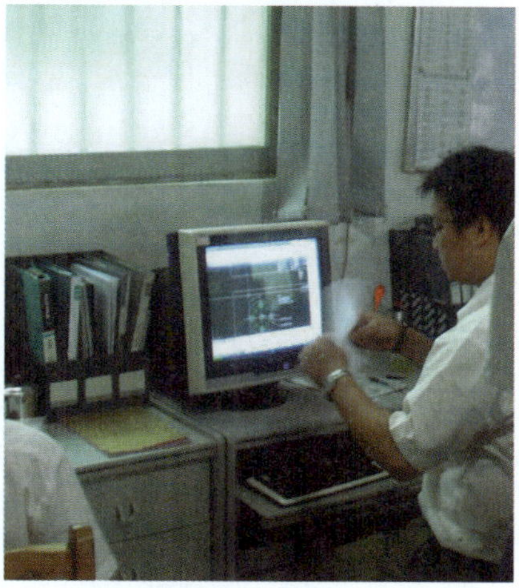

图 4-34　与工程师交流设计方案

（四）采购灯具配件

灯具 CAD 尺寸图出来之后，接下来的任务就是要去采购配件（见图 4-35）。有"中国灯都"之称的古镇是全国最大的灯具配件市场，在这里能买到比较齐全的灯具配件。在购买配件的过程当中，经常会遇到问题，就是有些创意新颖的设计方案，因为造型比较奇特，在市

图 4-35　采购配件

场上买不到现有的配件，要开模才能得到想要的造型；但是开模又遇到投资高、风险大的问题，一般没有太大的把握都不敢冒这个险，万一开模出来达不到预期的效果，整个方案就会失败。所以，为避免在采购配件的时候遇到这样的情况，就需要设计师在设计方案的时候多考虑材料、制造加工工艺等问题。

采购回来的配件，有些会跟预期的效果有出入，比如在尺寸、颜色、选料上有偏差，这些就需要设计师去把关，确定最适合的材料。

“姹紫嫣红”吊灯的红绳第一次采购回来时的质量就比较差，红绳韧性不够，而且会起毛，拉上去达不到想要的效果。所以，只能去采购质量更好的红绳，以保证灯具高品质的用料。

（五）组装并测试灯光效果

当所有灯具的配件购买齐全以后，接下来就可以进行配件的组装了。只有把一盏灯的所有配件组装起来，打开灯之后，才能真正看到这盏灯的实际灯光效果，之前的效果图跟组装好的样品相比有较大的区别。

在这个阶段，一方面可以调试灯光的效果，另一方面看了真实的样品后，如果某些地方存在问题，需要调整，可以记录下来，为下一步的修改提供更好的参考。

“姹紫嫣红”吊灯的配件包括不锈钢刨光灯盖、红绳、乳白色玻璃罩、进口水晶、节能灯等，在装配的过程中，最花时间的就是红绳的拉伸穿插。这需要手工去穿孔引线，在穿插的过程中需要注意错落、疏密等节奏的控制，非常需要耐心。

“姹紫嫣红”吊灯组装好以后，新品挂在测试车间，设计师看了之后要求将水晶串上面的玻璃托盘改为薄的不锈钢金属圆圈，一方面是由于玻璃圆盘会因灰尘的长时间积累而变脏，客户买回去要经常打扫灰尘，不方便，另一方面就是玻璃的色彩跟整体的色彩不一致，破坏了整体的统一性。经过对灯具样品进行进一步的调整，最终的灯具样品变得更加完善（见图 4-36）。

图 4-36　组装灯具并测试效果

第二部分　灯具设计实务

第五章　灯具开发设计实务

第一节　简约现代风格灯具设计

随着现代社会文明的发展,人们的物质、精神生活水平都有了很大程度的提高。但是,与之相伴的是现代人的生活节奏变得越来越快(见图 5-1),当人们在现代生活中承受了太多的压力时,开始渴望拥有自由的感觉、优雅的姿态和不凡的品位,需要让浮躁的心境趋向平和,于是人们呼唤简约。

图 5-1　现代都市人群生活形态看板

简约是一种生活态度,一种在喧嚣的都市里,让我们的生活空间更自然、纯净、简洁、清新并且宁静的态度;简约是一种较高层次的生活品质,而不是简朴、吝啬、敷衍等对生活质量缺乏重视的生活态度。

一、简约现代风格灯具特征分析

20 世纪初,现代主义设计大师史密斯 · 凡德罗提出“Less is more”(少即是多)的设计哲学。他主张技术与艺术的统一,利用新材料、新技术为主要表现手段,追求精确、完美的比例。现代主义设计强调“形式追随功能”,强调功能为设计的中心和目的,而不再是以形式为出发点;讲究设计的科学性,重视设计实施时的方便性、经济效益和效率;在形式上提倡非装饰性的简单几何造型。

简约现代风格灯具设计主张形式追随功能，着重发挥材料与结构本身的形式美；着眼于手工技艺与现代工业生产工艺的结合，讲究严谨的轮廓线条和微妙的细部处理，强调材质优化与纯熟技艺的表达效果，具有强烈的现代气息。简约现代风格灯具设计追求含蓄的表达，往往能达到以少胜多、以简胜繁的效果（见图 5-2 ~ 图 5-7）。

图 5-2　简约现代风格灯具特征之一（现代灯具设计注重灯具材料与结构的自然美感，运用简洁的几何形态，塑造迷人的光影，自然地融入现代家居空间）

图 5-3　简约现代风格灯具特征之二（运用几何形态是现代灯具设计的主要手法之一，造型简洁，比例协调，功能良好，同时也注重优美的线条和微妙的细节处理）

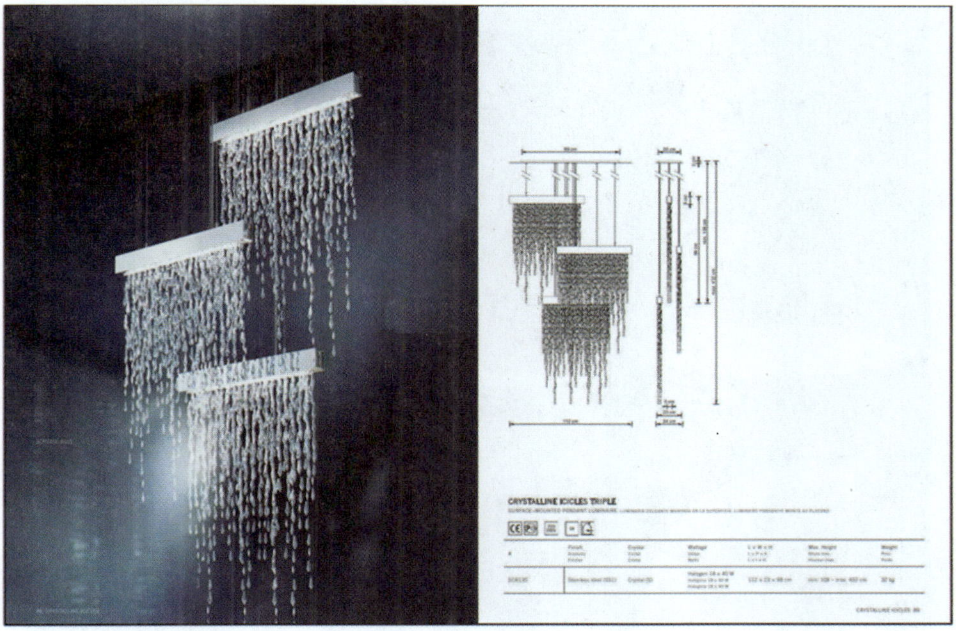

图 5-4　简约现代风格灯具特征之三（现代灯具设计注重营造清新自然的生活气息，图中的灯具运用独特的水晶珠串，在光线的照射下，好像水珠从空中抛洒而下，营造了一种富有诗意的空间氛围）

图 5-5　简约现代风格灯具特征之四（现代灯具设计注重充分发挥材质特性。图中的灯具将木材自然、温馨的特性发挥到极致，木材切成薄片后还具有散光的特性，在光线的照射下，散发出迷人的光影）

图 5-6　**简约现代风格灯具特征之五**（材质与肌理是现代灯具设计的重要元素，图中的灯具在木材的表面塑造不同的肌理效果，形成不同的视觉感受）

图 5-7　**简约现代风格灯具特征之六**（自然的形态、仿生的手法，形成轻松愉悦的设计主题，营造清新自然的生活气息）

随着人类社会的不断发展和进步，人们对环境的关爱程度也与日俱增，合理和适度地利用大自然馈赠给我们的资源才是可持续发展的重点。我国台湾工业设计师 Yao Kaichi 为了挖掘自然材料的潜力和倡导环保，利用竹子这种很有中国特色的材料设计出了美妙的 Extension 吊灯（见图 5-8），设计师不但使竹材的特性得到了很好的发挥，还通过产品的外观形态展示了竹材所创造出的独特美感。该吊灯可以根据空间需要自由组合形态，创造了良好的使用功能。此设计获得红点设计大奖。

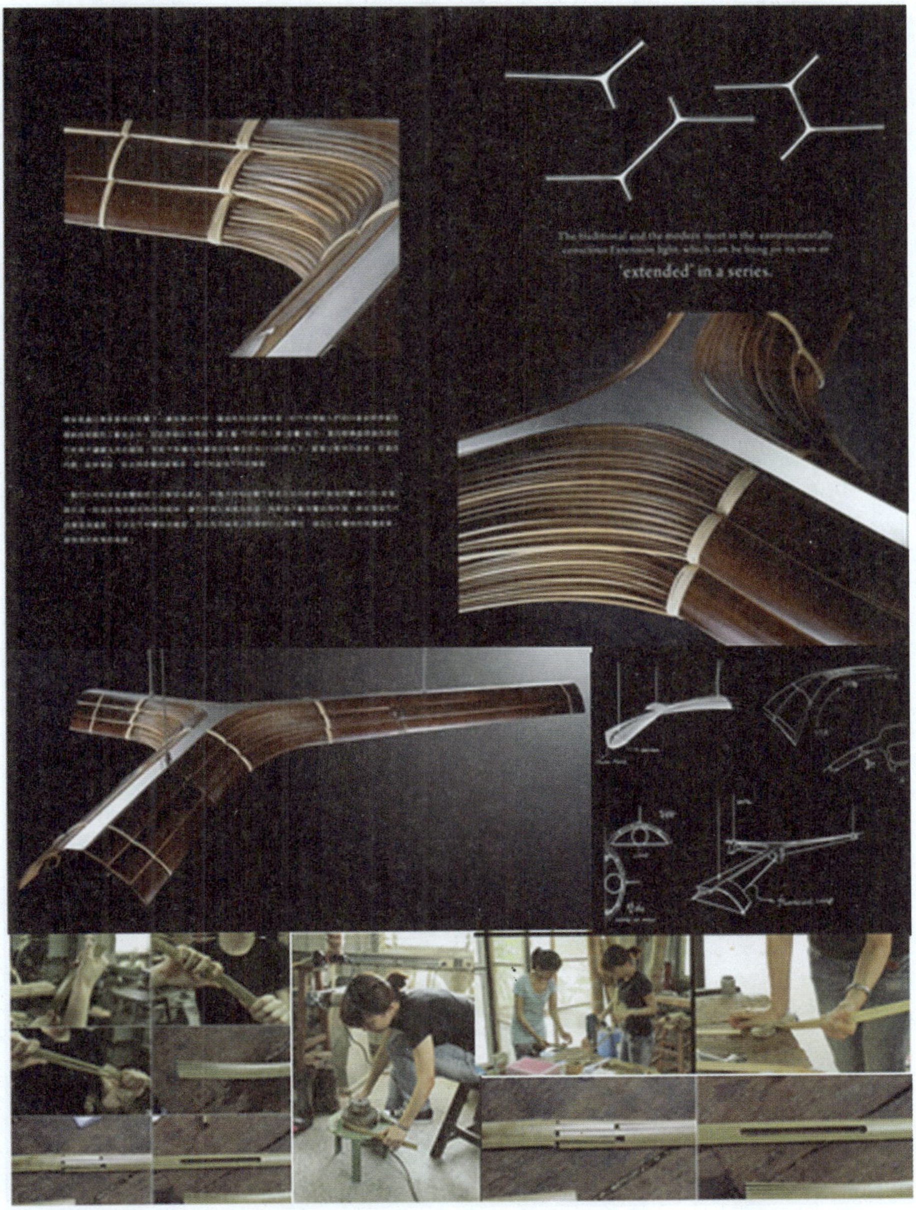

图 5-8 Extension 吊灯

二、简约现代风格灯具设计案例——“灵动魅影”吊灯设计

“灵动魅影”吊灯(见图 5-9)定位于高端使用人群,适用于家居、酒吧、休闲场所的照明。吊灯设计造型简约,曲线流畅。

灯罩材质采用白色亚克力雾面处理(或白色弹性纤维面料),光线柔和均匀。

下部的触摸调控开关是设计的一大亮点。通过这一触控系统,手部上下滑动就可以精确控制灯光的亮度,手指轻触控制系统的底部可以实现灯具的开关。触控系统的敏感与精确带给用户良好的操控体验,在人与灯具的交互过程中,用户感受到的不是征服,而是交流

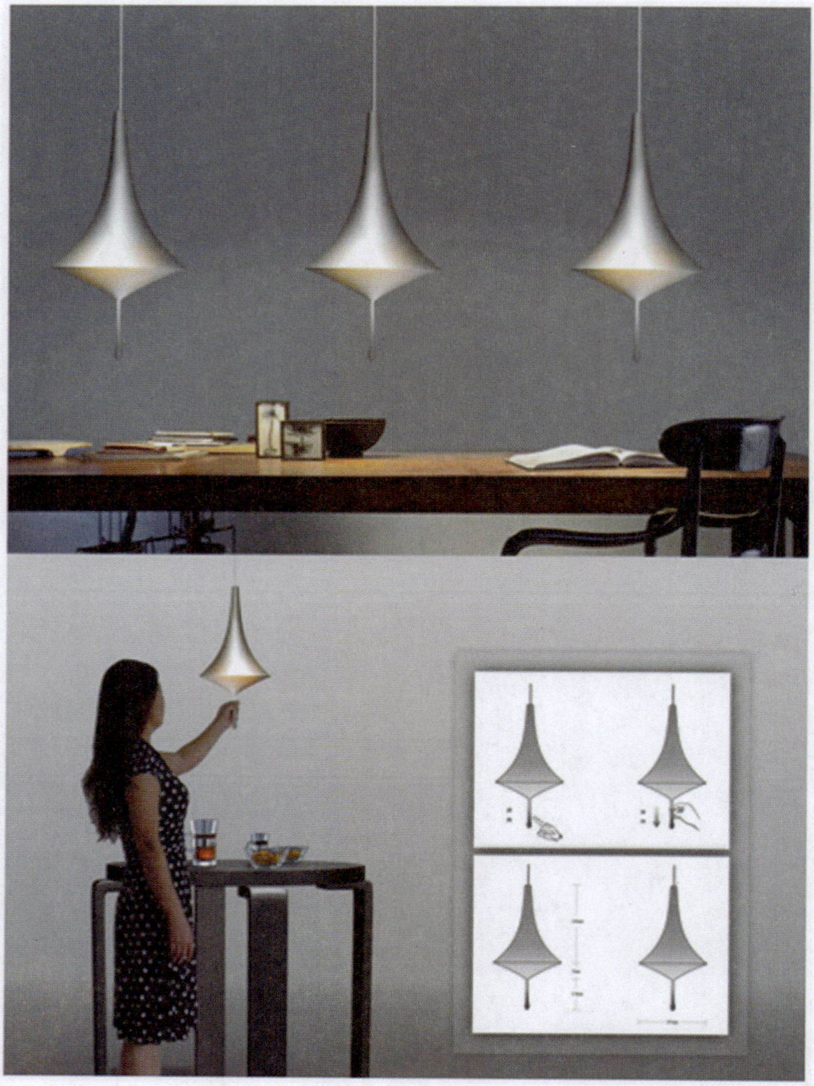

图 5-9 **“灵动魅影”吊灯设计**(设计师:肖知明)

与融合。

(一)目标用户描述

“灵动魅影”吊灯设计定位于都市年轻白领一族(见图 5-10)。他们大多在 20~40 岁之间,有着较高的学历,一般就职于大城市的企事业单位,从事脑力劳动,拥有清新的工作环境和较高的收入,喜欢泡吧、玩电脑游戏、看科幻电影,有相当一部分人是数码迷、“苹果”迷、动漫迷。

在对物质利益不断追求的同时,他们心中也充满了社会责任感。他们经常以志愿者的身份,通过演讲、社区服务等多种方式服务社会。他们关注气候变化、地球环境,懂得珍惜资源,喜欢使用绿色环保产品。

他们公私分明,下班时间很少办公,他们把自己的业余时间用来休闲充电、娱乐健身,经常会携亲朋好友远离充满钢筋水泥的都市,去郊外远足,亲近大自然,钓鱼、采摘、吃农家饭

图 5-10　目标用户生活形态看板

都是不错的选择。

（二）关键词

设计的关键词有数码迷、“苹果”迷、科幻、休闲、绿色环保、大自然等，如图 5-11 所示。

关键词	视觉图板	关键元素提取
数码迷 “苹果”迷		出色的人机交互、 人与产品融为一体
科幻		曲线、有机形态、 UFO、科幻电影
休闲		新切温馨的材料、 柔和舒适的灯光
绿色环保		节能光源、可回收、 低碳、循环利用
大自然		具有亲和力的 有机形态

图 5-11　关键设计元素提取

第二节 欧式风格灯具设计

一、欧式古典风格灯具

欧式古典风格强调以华丽的装饰、浓烈的色彩、精美的造型以达到雍容华贵的装饰效果，其中以巴洛克、洛可可风格最具代表性。欧式古典风格灯饰注重曲线造型和色泽上的富丽堂皇。从材质上看，欧式灯多以树脂、铁艺和玻璃为主。其中树脂灯造型很多，可有多种花纹，贴上金箔、银箔显得颜色亮丽、色泽鲜艳；铁艺灯造型相对简单，但更有质感。有的灯还会用铁锈、黑漆等故意造出斑驳的效果，追求古旧的感觉（见图 5-12）。

图 5-12 欧式古典风格灯具

（一）巴洛克风格

巴洛克风格是 17～18 世纪在意大利文艺复兴建筑的基础上发展起来的一种建筑和装饰风格。要了解欧式古典风格灯饰，必须先了解其建筑，巴洛克风格建筑外形自由，追求动态，喜好富丽的装饰和雕刻、强烈的色彩，常用穿插的曲面和椭圆形空间，用规则的波浪状曲线和反曲线的形式赋予建筑元素以动感。其外观相对简洁，内部装修精致，柱顶和拱顶布满浮雕装饰，常使用各色大理石、宝石、青铜、金等装饰，空间华丽、壮观，突破了文艺复兴古典主义的一些程式。

巴洛克风格是一种欧洲艺术风格，该词来源于葡萄牙语 Barroco，意思是一种不规则的珍珠，其意大利语为 Barocco，有奇特、古怪、变形等意思。古典主义者用它来称呼这种被认为是离经叛道的建筑风格。这种风格在反对僵化的古典形式、追求自由奔放的格调和表达世俗情趣等方面起了重要作用，对城市广场、园林艺术以至于文学艺术都产生了影响，一度在欧洲广为流行。

巴洛克风格的建筑及该风格影响下的灯具设计如图 5-13、图 5-14 所示。

图 5-13　巴洛克风格的圣卡罗教堂(左)、圣母教堂的巨大穹顶(右)

图 5-14　巴洛克风格影响下的灯具设计(反曲线特征与雕刻细节在灯具造型设计中的应用)

(二)洛可可风格

洛可可(Rococo)一词由法语 Rocaille(贝壳工艺)和意大利语 Barocco(巴洛克)合并而来,Rocaille 是一种混合贝壳与石块的室内装饰物,而 Barocco(巴洛克)则是一种更早期的宏大而华丽的艺术风格，有人将洛可可风格看作是巴洛克风格的晚期，即巴洛克的瓦解和颓废阶段。

洛可可风格于 18 世纪 20 年代产生于法国，是在巴洛克建筑的基础上发展起来的，主要表现在室内装饰上。洛可可装饰的特点是：细腻柔媚，常常采用不对称手法，喜欢用弧线和 S 形线，尤其爱用贝壳、旋涡、山石作为装饰题材，卷草舒花，缠绵盘曲，连成一体。天花板和墙面有时以弧面相连，在转角处布置壁画。

洛可可风格的教堂及该风格影响下的灯具设计如图 5-15 ~ 图 5-18 所示。

图 5-15　洛可可风格的教堂

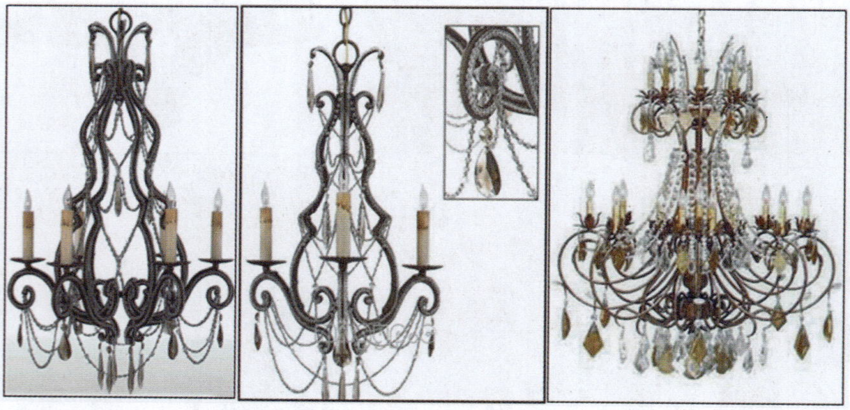

图 5-16　洛可可风格影响下的灯具设计（C 形、S 形、旋涡形等曲线形式的运用）

二、简欧风格灯具

欧洲文化丰富的艺术底蕴，开放、创新的设计思想，一直以来颇受众人喜爱与推崇。简欧风格灯具用现代简约的手法通过现代的材料及工艺重新演绎与营造欧式传承的浪漫、休闲、华丽大气的氛围。它的设计风格其实是经过改良的古典欧式主义风格。简欧风格从简单到繁杂、从整体到局部，精雕细琢、镶花刻金都给人一丝不苟的印象，一方面保留了材质、色彩的大致风格，仍然可以使人很强烈地感受到传统的历史痕迹与浑厚的文化底蕴，另一方面摒弃了过于复杂的肌理和装饰，简化了线条。

图 5-17　洛可可风格影响下的灯具设计（造型中喜欢用花朵、卷草、棕榈、海浪、泡沫、贝壳等装饰图形）

图 5-18　洛可可风格影响下的灯饰设计（金箔、珍珠、水晶等在灯饰中的广泛运用）

简欧风格的灯具设计如图 5-19、图 5-20 所示。

图 5-19　简欧风格的灯具设计（一）

简欧风格的室内设计（见图 5-21）多以象牙白为主色调，以浅色为主、深色为辅。相对于拥有浓厚欧洲风味的传统欧式装修风格，简欧风格更为清新典雅，也更符合我国人民内敛含蓄的审美追求。

三、美式风格灯具

美式风格灯具是一种以欧洲文化为根基，又融合美洲大陆自由狂放的文化元素以及其

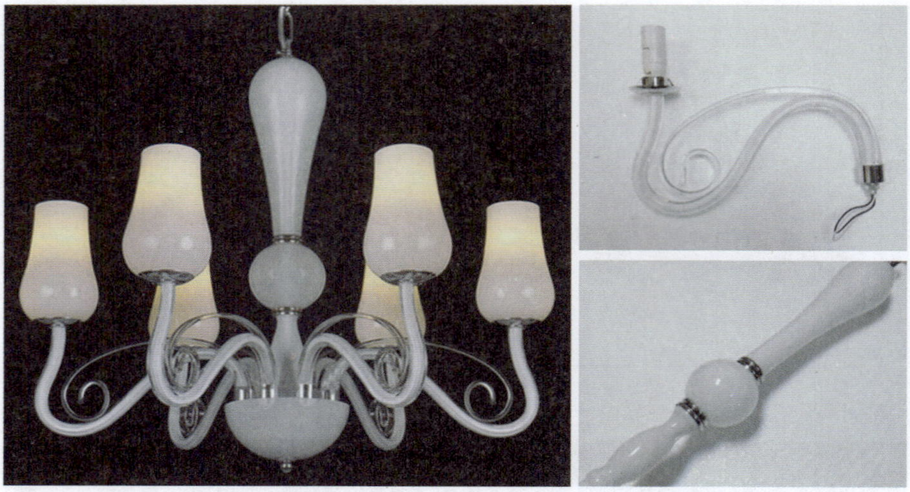

图 5-20　简欧风格的灯具设计(二)

图 5-21　简欧风格的室内设计(保留了传统欧式风格的文化气息,但摒弃了过于复杂的肌理和装饰)

他多种风格元素所形成的一种兼容并蓄的设计风格,追求自由和个性是其精神内涵。美式风格没有太多造作的修饰与约束,不经意中也成就了一种休闲式的浪漫,它既有着欧式的奢侈与贵气,又结合了美洲大陆这块水土的不羁,这样结合的结果是剔除了许多羁绊,形成了贵气加大气而又不失自在与随意的风格。美式灯具风格的这些元素也正好迎合了对生活方式的一些需求:既有文化感、贵气感,又不缺乏自在感与情调感。

美式风格的家具与室内设计如图 5-22 所示。

图 5-22　美式风格的家具与室内设计

与欧式灯具相比,美式灯具似乎没有太大区别,其依然注重古典情怀,只是风格和造型上相对简约,外观简洁大方,更注重休闲和舒适感。其用材与欧式灯具一样,多以树脂和铁艺为主。美式风格的灯具设计如图 5-23、图 5-24 所示。

图 5-23　美式风格的灯具设计(一)

图 5-24　美式风格的灯具设计(二)

第三节　中式风格灯具设计

一、我国传统文化是中式灯具设计的思想源泉

随着我国综合国力的增强,民族意识的逐渐复苏,人们开始乐于从我国传统文化中寻找设计思想与元素。传统文化就是文明演化而汇集成的一种反映民族特质和风貌的民族文化,是民族历史上各种思想文化、观念形态的总体表征。

文化是一个很复杂的概念。在人类的历史长河中,所有为生存而进行的活动,都可以称之为文化。按照费孝通的文化概念,文化包括三个层次(见图 5-25):第一个层次是器物层,即人们生产、生活的工具。比如吃饭时中国人用筷子,西方人用刀叉,印度人用手抓。第二个层次是社会组织层,包括这个社会怎样把个人组织起来,让单独的个人能够结合在一起,在一个社会里面共同生活以及他们之间怎样互动。它包含很多内容,比如政治组织、宗教组织、生产组织、国家机器等。第三个层次是观念层,即人怎么想?什么可以接受?什么不可以接受?什么好?什么不好?各个社会的价值观念、行为选择标准不一样。三个层次不可分割,是一个有机整体。

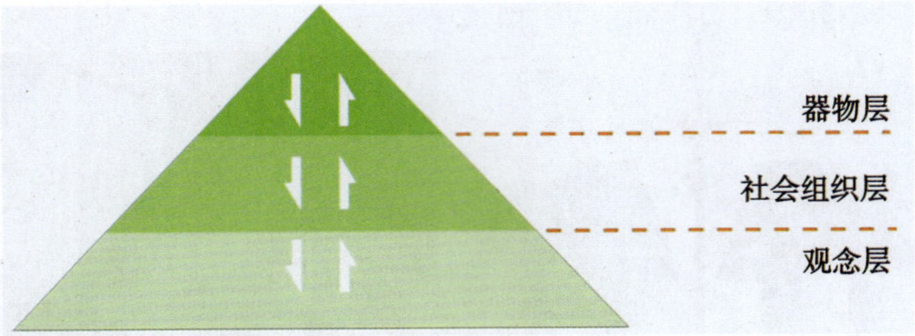

图 5-25　文化的三个层次

作为观念层的我国传统文化，是以老子道德文化为本体，以儒家、庄子、墨子的思想以及道家文化等为主体的多元文化融通和谐包容的体系。

我国传统文化一贯秉承的核心思想是"中庸"之道，如中堂、中庭，即对称家居的摆放形式都源于此道。"中庸"思想的内容博大精深，精粹之一就是和谐融洽，不偏不倚，兼而以柔制刚，有一种我国特有的含蓄之美。

在我国第一部有关设计的理论著作《考工记》中明确提出了一种注重内在统一、顺应大局、与自然相融合的设计思想，其中讲："天有时，地有气，材有美，工有巧，合此四者，然后可以为良。""天有时"指天有季节、气候、时令的变化；"地有气"指地理条件有不同，自然规律有差异；"材有美"指材料有其自身材质的美；"工有巧"指人有创造能力和工艺技巧。其意思就是说顺应天时、适应地气、巧用材料、选择适宜工艺，四者有机地结合，可以产生好的设计物品。它指出了天时、地气、材美、工巧是设计优秀物品的四个要素，它是一种"尚法天地，天人合一"的设计观（见图 5-26）。

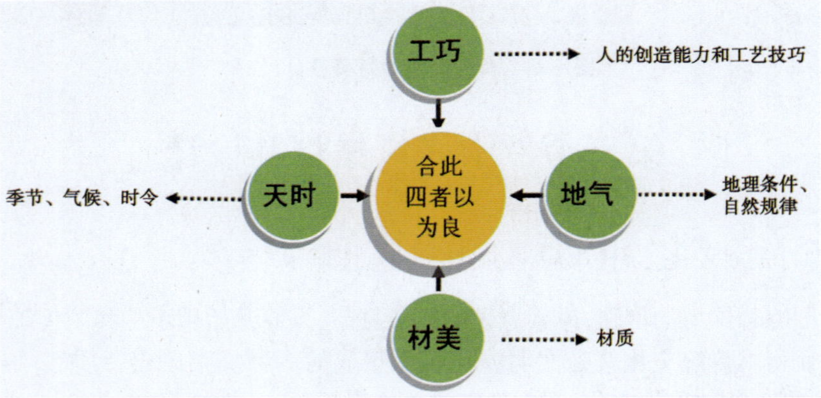

图 5-26　我国古代的设计观

作为器物层的中国传统文化元素如图 5-27 所示。

二、中式风格灯具的分类

中式风格的灯具种类繁多，主要有家居照明、商业照明、道路景观照明等几类。

（一）家居照明

这些灯具，具有明显的中国元素，大多以丝帛、木头、羊皮纸为原材料，有的还用水墨画、书法等元素加以装饰，中国味十足（见图 5-28）。

图 5-27　作为器物层的中国传统文化元素

图 5-28　家居照明灯具

（二）商业照明

中式风格灯具在餐饮酒店类的空间使用较多。图 5-29 中的灯具将现代的光源融入中国传统文化元素，很好地表现了酒店的主题和商业氛围。同时，中心就餐区使用的中式风格灯具形成了很好的空间分割。

（三）道路景观照明

中式风格灯具在道路景观照明上应用广泛，特别是在一些主题公园、旅游文化景区，中式风格灯具具有很强的表现力。用于道路景观照明的中式风格灯具经常采用木材、塑料、玻璃、金属等材质，易于加工、轻便、耐腐蚀（见图 5-30）。道路景观照明除追求美观外，还重点关注灯具的安全照度以及透雾性等问题。

三、中式风格灯具的常用材料

（一）布料与羊皮纸

布料与羊皮纸是传统的中式风格灯具中使用较多的材料，这种材料质量较轻、裁剪方

图 5-29　商业照明灯具

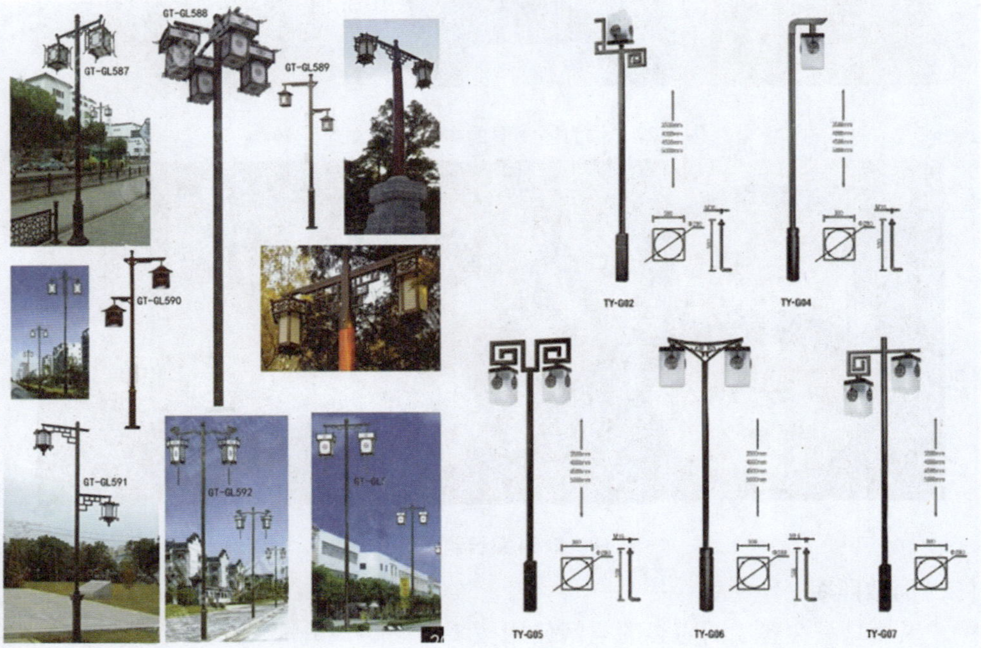

图 5-30　道路景观照明灯具

便、透光性好。同时，在上面辅以中国传统书法、绘画等传统元素，极具中式韵味（见图 5-31）。

（二）竹木

竹木材料取材于自然，便于切割、弯曲加工，造型自由，在表面可以喷涂油漆加以保护。同时，竹木材质天然的纹理质感，可有效地软化空间，营造舒适温馨的空间氛围（见图 5-32）。

（三）陶瓷

相对于金属材料而言，陶瓷材料具有较好的绝缘性与热稳定性，陶瓷材料经受剧烈温度变化而不易破碎，即使长时间使用，也不会因为温度过高而变形或发出异味。另外，在陶瓷表面上釉是减少灰尘吸附和防潮的有效办法，这也避免了灯具内部电气部件的锈蚀和损坏。

图 5-31　布料与羊皮纸类灯具

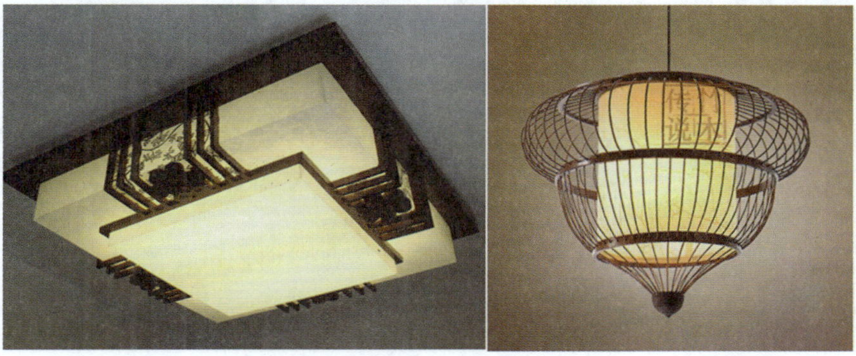

图 5-32　竹木类灯具

同时,陶瓷材料具有较好的反光性和透光性,是灯具的理想材料。在陶瓷表面可以方便地绘制各种纹样图案,中国传统的绘画书法是主要的装饰手法之一(见图 5-33)。

图 5-33　陶瓷类灯具

四、新中式风格灯具

在中华文化风靡全球的现今时代,将传统文化中的经典元素提炼并加以丰富,使中式元素与现代材料巧妙兼顾,给传统灯具设计注入了新的气息。新中式风格灯具通过提取中国传统文化的精华元素和符号进行合理的搭配与再设计，使之既有中式家居的传统韵味，又更多地符合了现代人的生活特点与审美习惯。新中式风格灯具（见图 5-34）不是纯粹的传统元素的堆砌，而是通过对传统文化的认识，将古典与现代完美结合，使传统与时尚和谐并存。

图 5-34　新中式风格灯具

新中式风格灯具应该建立在中国文化和东方生活方式的基础上，挖掘中华文化的精髓，研究中国人的现代生活方式，并顺应世界经济技术发展的时尚审美潮流。新中式风格将现代元素和传统元素结合在一起，以现代人的审美需求与观念来打造富有传统韵味的风格特征，将繁复的装饰凝练得更为含蓄精雅，将古典美注入简洁实用的现代设计中，使产品更有灵性。然而，在实际运用中，多数是把某些中国符号或中国元素进行简单的、机械的复制和拼贴，没有对选择的文化元素进行消化吸收，显得十分生硬。

如图 5-35 所示的灯具设计，在造型元素上运用了灯笼、书法、铜钱，在材料上选择了颇具人文气息的木材、布料以及绳子，整体气质上追求一种古风，在后面砖砌墙壁的映衬下，更显出一股田园的古韵之风。书法元素为灯具增添了儒雅的气质，铜钱也能够表达一种招财的寓意，木材材质和纹理使人有一种亲近感。但灯具的整体造型却显得拘谨，与现代的室内风格不相协调。元素的选用没有错，但在设计过程中没有进行提炼加工，也没有考虑到元素间的有机整合，而是生搬硬套，堆砌罗列。

图 5-35　传统中式风格灯具

图 5-36 中左边和中间为古代人物造型灯具，我们仍可以从中借鉴其对人物这个元素的运用原则。右边的现代人物造型灯具设计模拟人的形态，与直接借鉴人物形体的设计有很大不同，融入了情感设计的元素，更符合现代人的审美需求。

图 5-37 中左边的战国玉勾连云纹灯，其造型仿照商周时期的盛食物器皿——陶豆，上部为敞口浅盘，中部为高柄，下部有喇叭状圈足。这种形态在今天看来都不过时，整体简洁，而且对细节的处理又散发着时尚气息。整体造型对

图 5-36　古代灯具与现代灯具设计比较(一)

称、均衡,符合现代的美学标准。细节如莲花瓣形态的融入、表面纹样的处理,都传达着一种文化信号。它的造型可以借鉴,细节的处理也同样值得我们学习。比如右边的灯具对其形态进行现代演绎,运用现代的材料与光源,在造型上更趋向简约,但是保留了古代油灯的结构与使用方式,唤起人们对传统生活方式的记忆。

图 5-37　古代灯具与现代灯具设计比较(二)

图 5-38 中的灯具设计使用动物造型。左边的古代灯具选择具有象征意义的动物,表达吉祥的寓意。我们可以把这类有象征意义的动物造型运用到现代灯具设计中,这些动物以及它们所代表的象征意义正是中国的传统精神文化,这也是塑造中式风格灯具的手法之一。右边的现代灯具设计抓住动物的可爱形象,通过夸张的手法,提炼抽象的有机形态,形成情感化的设计。

图 5-39 中的台灯设计,都试图追求一种古典的风格,但效果却大不一样。左边的台灯,运用了书法元素,但在设计元素的运用上比较生硬,缺少创新,使灯具整体看起来像一盏古人用的灯。相比较而言,右边的台灯设计在文化元素的选择与创新方面都做得比较好。从

图 5-38　古代灯具与现代灯具设计比较(三)

这两个灯具设计案例的比较中可以看出,文化元素的内涵应该在当代环境下有新的发挥,或者说对文化有一种新的诠释,即对文化的传承与发展,并将其体现在灯具设计中。

图 5-39　传统文化元素在灯具设计中的运用

第四节 专题案例——LED 工作台灯设计

一、第一阶段:产品策划与定位

(一)项目介绍

1. 项目背景

在项目设计的初期,需要详细地分析并掌握项目的背景。该项目受广东省中山市某灯具企业委托,要求在规定时间内设计一款符合市场需求的 LED 工作台灯,并要求围绕公司的企业文化及产品开发思路,符合公司的生产及制作工艺,充分运用 LED 技术分析(见图 5-40),在造型时尚美观的基础上,最大化地满足工作照明需求。

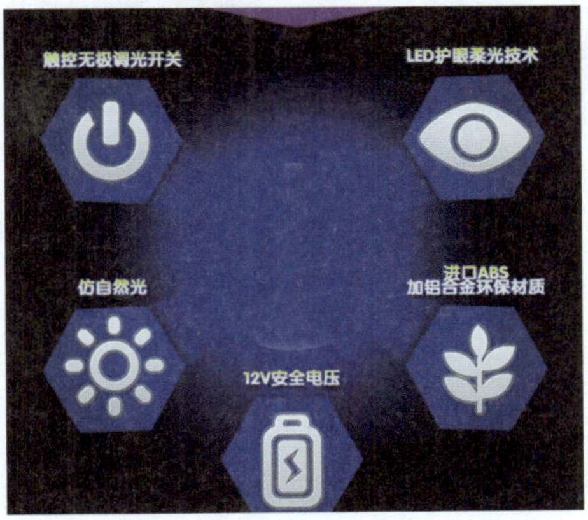

图 5-40 LED 技术分析

2. 产品预计上市时间

在灯具设计的初期,同企业负责人进行深入沟通后,要确定产品预计上市的时间。需要结合考虑灯具外观设计的周期、结构设计和光源设计需要的时间,以及灯具手板制作、模具设计及修改、样品生产及测试的时间,这样才能在预计的时间里有条不紊地规划设计流程,在企业要求的时间内提交设计方案。一般灯具外观设计需要 20 天,后期结构设计至样品生产确认需要 40 天,因此产品从策划到上市至少需要两个月的周期。

3. 产品定位

将此次的台灯设计定位在中高端档次,适用于学生群体、热爱看书和学习的工作人士,亦可以作为礼品送给长辈或者朋友,还包括长时间使用电脑的人士。该类群体对灯具的功能要求较高,期望 LED 灯具比普通的台灯更能减少眼睛酸痛,保护视力,并提高学习的效率。所以,学生、教师和电脑玩家应该是主要考虑的对象范围(见图 5-41)。

4. 产品上市后的状态

需要预先考虑产品上市后的状态,对销售渠道有一定的认识,因此设计师需要加强与市场人员的沟通。通过分析后得知产品主要针对国内市场,主要是大、中、小型超市及网上销售渠道。国外市场主要通过环球资源网和阿里巴巴等渠道寻找国外的经销商。

5. 产品整体尺寸及基本要点

该产品的各部分参数及基本要点主要有:

图 5-41　消费群体分析

产品尺寸：底盘直径 200 mm，灯头长 370 mm，灯杆长 400 mm；

包装尺寸：500 mm × 125 mm × 260 mm；

净重：不超过 0.7 kg；

材料：主要材料选用 ABS、铝材、PC 导光板。

实际设计尺寸允许有一定的出入，但不能偏差太多。

6. 造型设计及要求

以人性化的设计理念作为灯具设计的出发点，一切从工作照明的角度出发考虑造型的设计。主要体现为在灯杆、底盘、调节结构和开关的造型设计上，可适当添加一些辅助功能。如在灯杆正前方可设置电子触摸调光功能，并配备声音提示功能；灯头可以 360°转动，以调整照明方向；可配备万年历和时间显示屏。要求整体造型时尚，局部细节设计精美，产品使用操作简单，在不影响整体外观的基础上，允许多功能、多用途，同时考虑节能与环保。

（二）LED 台灯分析

1. LED 照明技术的优点

与普通台灯相比，LED 工作台灯有如下优点：耗电量低、使用寿命长、高亮度、低热量、环保、坚固耐用。所以，LED 工作台灯的设计应从绿色照明的理念出发，通过科学的照明设计，采用效率高、寿命长、安全和稳定的照明部件（电光源、灯用电器附件、灯具、配线器以及调光控制设备和控光器件），改善人们的工作、学习、生活条件和质量，创造一个高效、舒适、安全、经济、有益的环境并充分体现情感需求。LED 光源采用内嵌式设计，有效避免眼睛和光源直视，即使是仰视一定的角度，也能有效地杜绝眩光和瞬盲，缓解眼睛疲劳。

LED 照明技术特点如图 5-42 所示。

2. 人群定位探讨

对该 LED 台灯的消费群体在产品定位的基础上进行细分，主要有学生群体、爱好阅读的人士、电脑玩家、礼物购买者、对 LED 技术了解和信任的学习者、喜欢简洁且具有质感设计的人士。

图 5-42　LED 照明技术特点

3. LED 台灯风格分析

在设计初期，需对当今 LED 台灯风格的一线资料进行充分掌握，所以前期的调研工作和调研方法主要有：网上调查，从灯具电商网站上对热销产品进行归类，并对相关数据进行统计分析；从每年 4 月和 11 月的香港春秋两季灯饰展，以及每年 5 月的中山古镇灯饰博览会等重要展会上调查灯饰风格；对灯饰企业家和销售人员进行问卷调查；对中山古镇灯饰广场专卖店进行实地调研。通过调查总结，LED 台灯设计的风格主要是形态简洁、操作简单，能灵活转动，满足多角度照明需求，而且便于折叠。

4. LED 台灯设计趋势

未来 LED 台灯设计呈现简洁主义的设计趋势，主要体现为将照明科技和工业设计有效地结合。在造型上极为简练，将多余的外形全部简化，剩下最简单的形态。在材料上寻求突破性的试验创新，并运用最新 LED 技术的发光原理，营造时尚而温馨的家居环境照明氛围。如以色列设计师 Nir-Meiri 以 LED 为光源，善于运用特殊的材料，如沙砾、海藻等，其灯具设计作品具有温馨的家居环境氛围（见图 5-43）。同时获得 2011 年 iF 奖和 2011 年台湾精品奖的灯具将灯臂和灯底座融为一体，色彩上采用大方的红色，做到了极简（见图 5-44）。

5. 市场主流 LED 台灯分析

目前市场上主要有以下三款台灯受到业界的普遍关注：①嫁接苹果手机造型的台灯，该台灯体现出对时尚元素的应用，将通信产品的形态语言嫁接在灯具底座和灯罩上，具备一定的时尚感，消费者反映良好。②小二郎健康 LED 护眼台灯，该台灯提炼动画人物概念并将

图 5-43　以色列设计师 Nir-Meiri 设计的灯具

图 5-44　未来 LED 灯具设计趋势

其运用在台灯上，特别吸引儿童类的消费群体。③雪莱特台灯，该台灯采用灵活的转轴设计，两扇能折叠的 LED 灯片突出了设计的亮点，在市场上也是热卖的产品。所以，通过整体分析，这三款产品都有自己个性化的造型语言，在功能照明上各具特色，视觉上通过金属和塑料的搭配体现出时尚感（见图 5-45）。

（三）设计方法及造型设计分析

该分析过程主要集中在台灯设计方法、造型元素上，通过收集近 20 年来国内外著名的台灯设计作品，从造型元素、色彩工艺、结构设计、材料设计及设计方法上进行整体分析。分析结果对 LED 台灯设计将起到指导性作用。

1. 造型风格分析

台灯的造型风格和语言受到多方面的制约或影响，如灯具功能、结构材料、消费文化和地域文化、人机工程学等（见图 5-46）。在造型特色上具有代表性的有：英国工业设计师 Ross Lovegrove 的台灯设计，其运用有机美学形态，使台灯充满未来感，该设计师因糅合自然

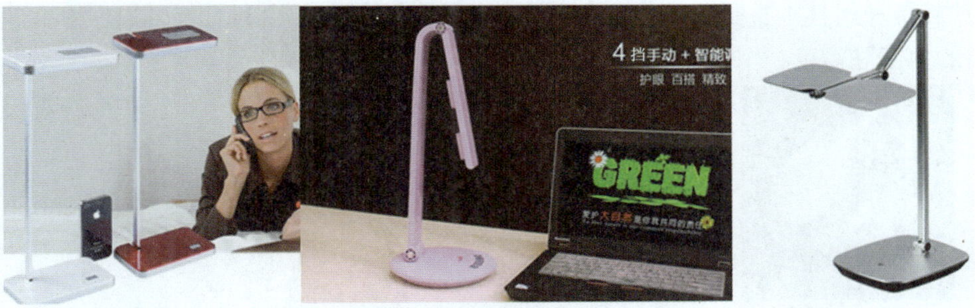

图 5-45　市场主流 LED 灯具

美态和超新科技的有机设计享负盛名；意大利设计师奇特里奥的台灯设计，其体现出简单而纯粹的几何线条；另外，根据鸭子形态设计而来的台灯，具有灵活的转动部件，体现出仿生形态设计特点。

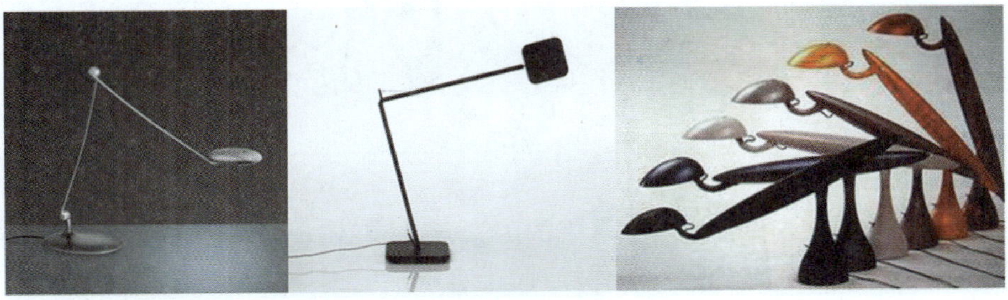

图 5-46　LED 台灯造型风格分析

2. 色彩工艺分析

台灯主要由金属和塑料材质组成。铝材、不锈钢、铜、铝镁合金是常用金属，铝材经过电镀产生亮面光泽，经过拉丝形成特殊纹理，经阳极氧化产生不同色彩；铜本身具有一定的质感和光泽。金属台灯主打色彩是原色银、纯净白、静雾黑，或者表面光亮的电镀。塑料台灯由于注塑材料色彩可选择性多，因此色彩丰富（见图 5-47）。

图 5-47　LED 灯具色彩工艺

3. 特殊材料运用

为保证灯具多角度旋转，在台灯设计中经常运用铝合金和硅胶弯管，该类材料可灵活自由弯曲，操作起来非常便捷，而且可以与灯臂和灯底座形成很好的形态衔接。其他材料如毛毡的使用，是利用其本身具备摩擦力的特点，使灯管具有稳定性和可调性，使用者能随便调节光源的角度和高度（见图5-48）。

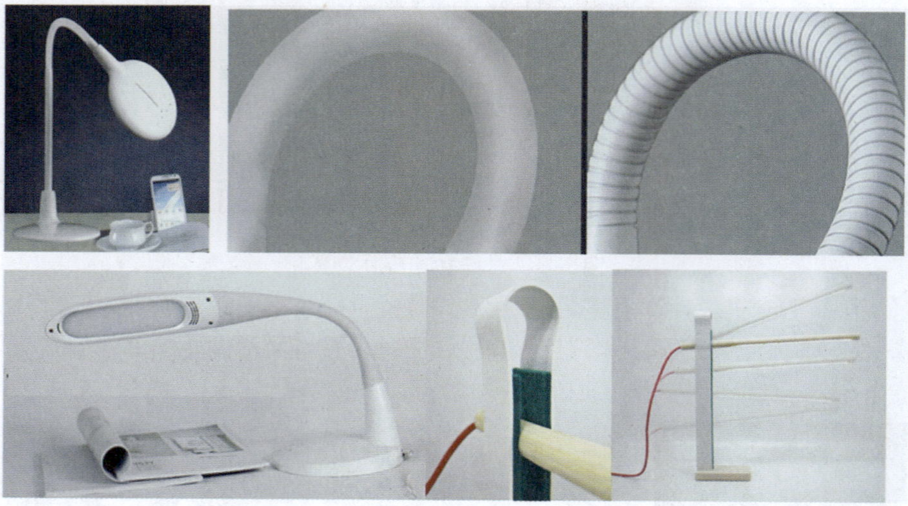

图5-48　灯具材料运用

4. 转轴结构设计

转轴结构设计是灯具设计中重点考虑的因素，往往能体现灯具产品最突出的特征。如图5-49所示的台灯利用磁铁的磁性工作原理，带有磁性的钢球能灵活调节灯具的照明高度和角度，起到特殊的转轴作用。

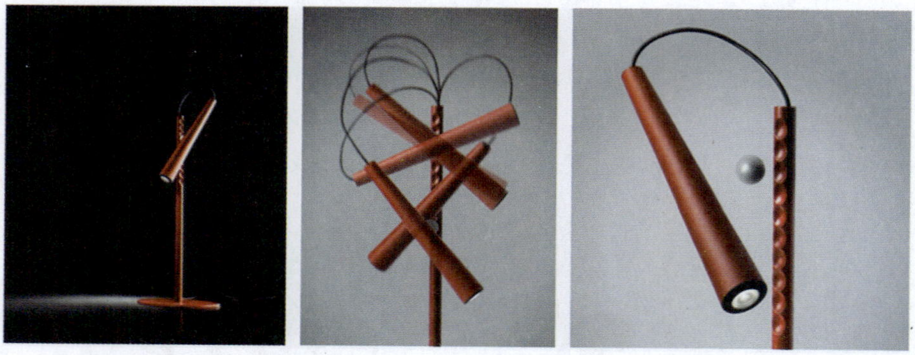

图5-49　利用磁性工作原理的台灯

采用四轴联动结构的台灯，稳定性极强而且不失灵活性（见图5-50）。

如图5-51所示的台灯，其灯臂和底座的转轴设计能保证灯具最大限度地活动。

如图5-52所示的台灯由扁平的弯管材料连接圆形的底座和光源部分，其功能统一、个性十足且具有较高的审美价值。

5. 注重产品功能、强调互动体验

灯具产品注重照明功能，而且强调使用过程中与用户的交互行为，有趣的体验能增加产品的价值。如菲利浦·斯塔克设计的台灯运用其一贯的幽默感的设计手法，使台灯通过帽子的遮挡创造特殊的照明体验，产品能为IPOD等电子产品充电，体现了一定的实用功能（见图5-53）。

图 5-50 四轴联动结构的台灯

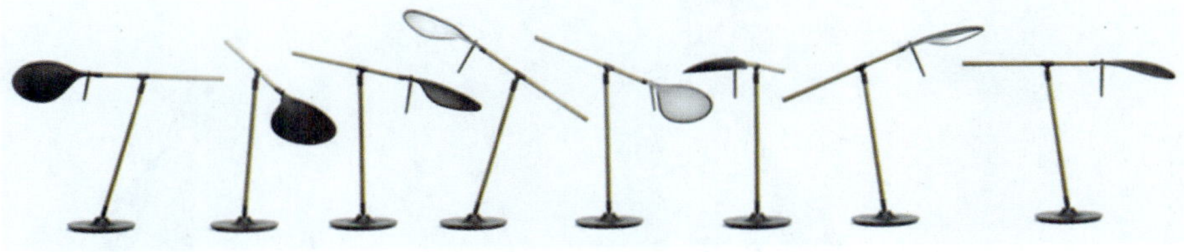

图 5-51 自由旋转结构的台灯

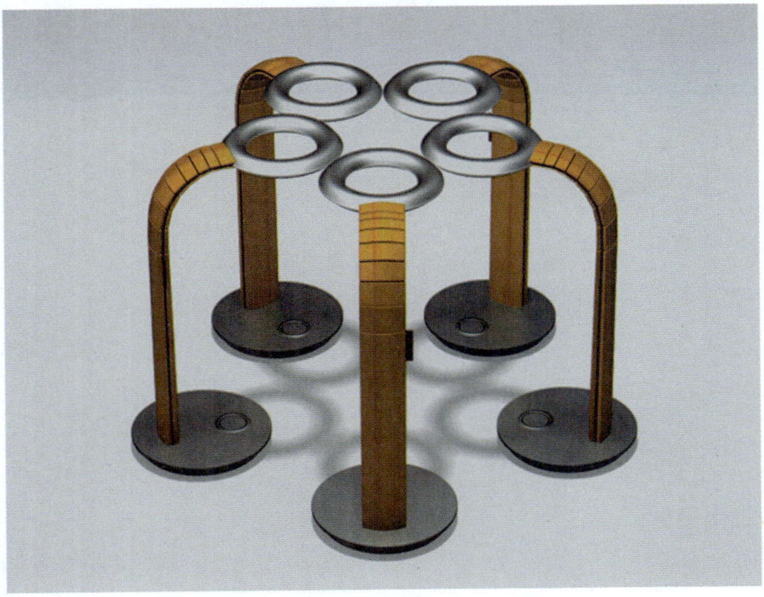

图 5-52 弯管台灯（设计师：肖知明）

图 5-53　台灯设计(设计师:菲利浦·斯塔克)

6. 形态创新

在灯具产品的形态创新中,需要区分产品的核心功能和辅助功能,同时紧紧围绕产品的主题进行创造。美国著名工业设计师 Yves Behar 为 Hermiller 公司设计的叶子台灯,在产品形态上实现了独特创新。该台灯细长的造型如一片优美直立的叶片,可延伸并旋转 180°,为另一片水平叶片提供支撑,当水平叶片折叠靠近直立叶片时,光线将逐渐趋于柔和(见图 5-54)。

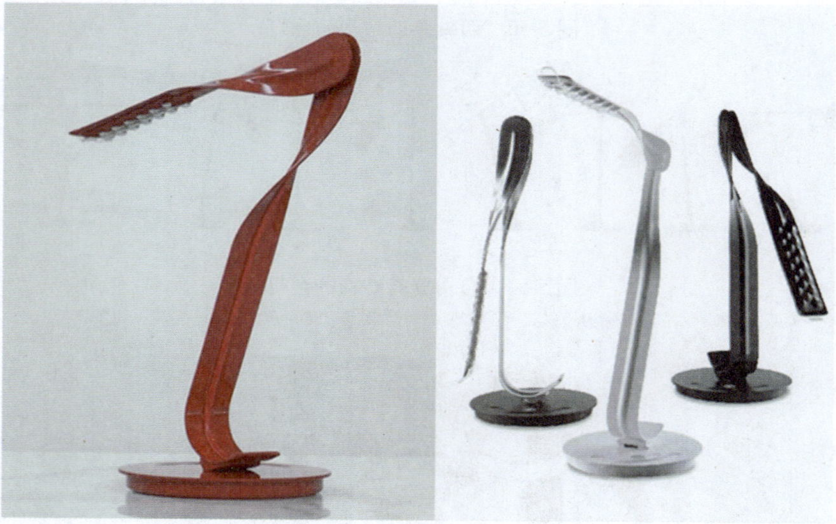

图 5-54　Hermiller 公司的叶子台灯

如图 5-55 所示的液晶触控屏幕台灯,为突出灯具的用户控制功能,将控制区域做了独特的划分,并将液晶触摸按键进行面积上的夸张处理,凸显无与伦比的触控技术,同时也强化了产品的体验功能,以此受到消费者的青睐。

二、第二阶段:设计方案构思

(一)概念草图设计

选用一种创造性思维方法进行构思,这里主要采用头脑风暴法进行草图设计与讨论,也称为畅谈会法。设计团队以会议形式对灯具方案进行咨询或讨论,会议始终保持自由、融洽、轻松的气氛,与会者可无拘无束地发表自己对台灯创意的见解,不受任何框架的限制。

图 5-55　液晶触控屏幕台灯

团队其他成员则从发言中得到启示，进而产生联想，提出新的或补充的意见，这样就产生了许多充满新意的台灯方案，最后对这些方案进行整理和分析。图 5-56 ~ 图 5-58 中的 5 组概念设计草图充分考虑产品的折叠性，在光源选择上以片光源为主，形态倾向简洁，材料节省且容易开模。

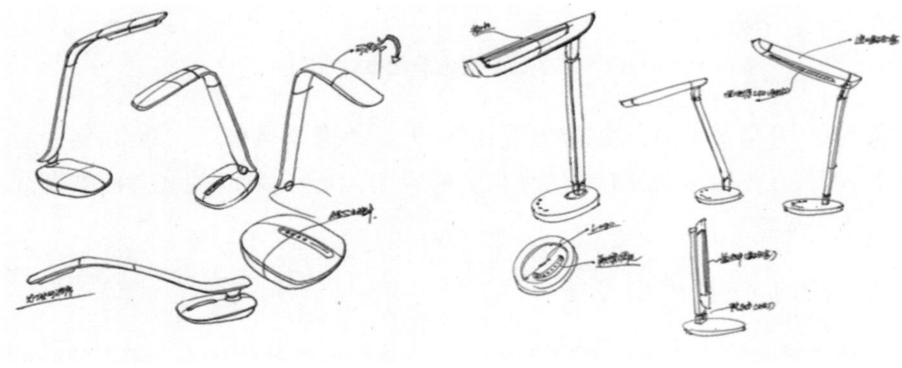

图 5-56　台灯概念草图设计（一、二）

（二）设计方案优化

在方案优化阶段，设计师与企业负责人进行积极沟通，详细分析每个设计方案的优缺点，并与市场上热卖灯具进行比较，同时仔细研究企业产品线开发思路和销售渠道，最后选

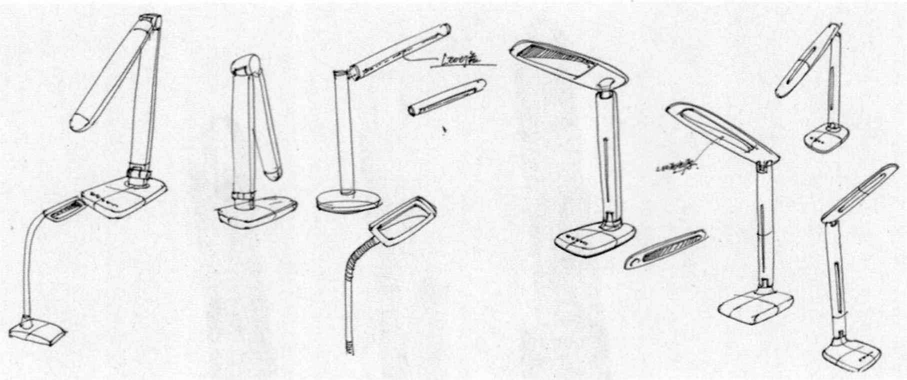

图 5-57　台灯概念草图设计(三、四)

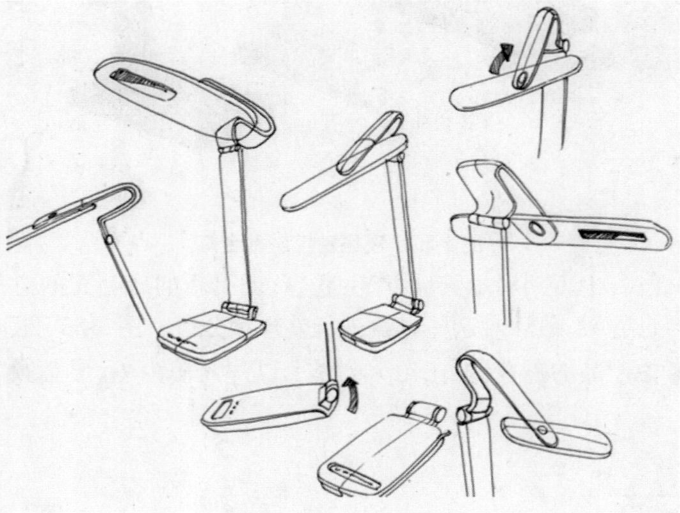

图 5-58　台灯概念草图设计(五)

择一种构件简单、几何线条的方块造型(见图 5-59)。该造型风格形式朴素、实用耐看,适合于大众消费人群,在未来市场具有持续性售卖的特点,不会随着时代久远而被淘汰,因而规避了潜在的市场风险。

三、第三阶段:三维模型设计

三维模型构建除需要掌握扎实的建模技巧外,更需要设计师具备三维空间的思考能力、创意推敲与设计分析的能力。由于细节的深入和结构的调整,通常三维模型和二维草图会有一定的出入,有经验的设计师会很好地解决这个潜在问题。建模前期需认真考虑灯具的分模方式和模具的装配,以及灯具需要用几个部件来完成,然后按照产品的实际尺寸和比例进行绘制。

通过产品轮廓线和结构线的绘制、形体块面的绘制、倒角制作、连接件和开关制作、模型分层设计等步骤完成台灯三维模型设计,具体步骤如下:

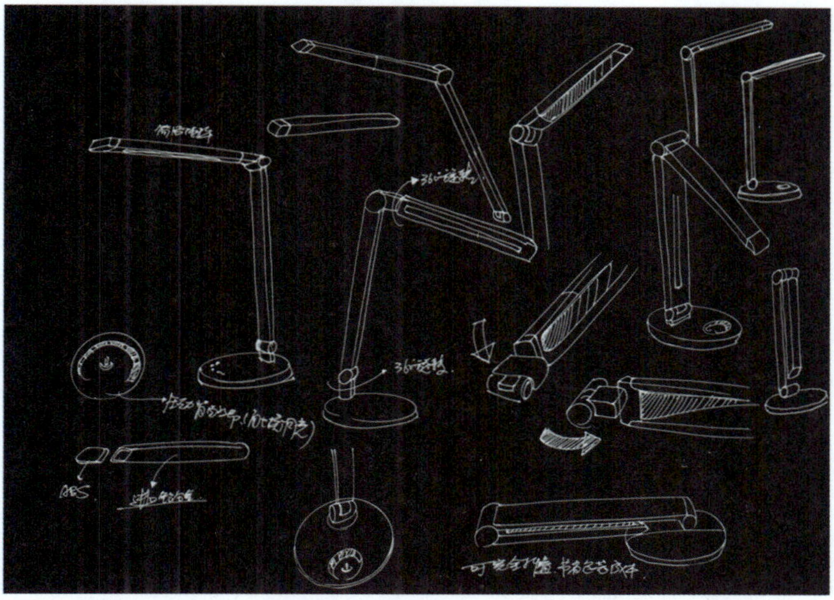

图 5-59　台灯优化方案草图

(1)执行“矩形”和“圆”命令,以坐标原点为基准绘制轮廓线和结构线(见图 5-60)。

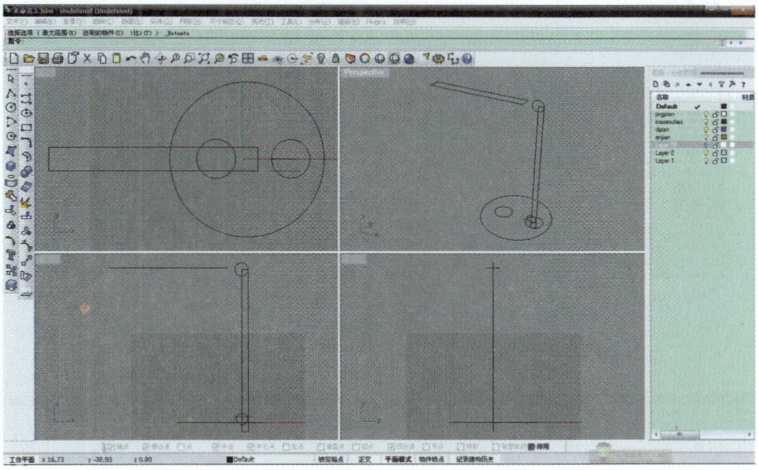

图 5-60　轮廓线和结构线的绘制

(2)执行“直线挤出”命令,结合线挤出,然后选择全部图形执行“将平面洞加盖”命令,完成形体块面的绘制(见图 5-61)。

(3)执行“不等距边缘圆角”命令,把灯罩建模出来(见图 5-62)。

(4)执行“不等距边缘圆角”命令,把灯柱建模出来(见图 5-63)。

(5)执行“不等距边缘圆角”命令,把底座建模出来(见图 5-64)。

(6)对灯柱和灯罩的连接件进行三维设计(见图 5-65)。

(7)对灯柱与底座的连接件进行三维设计(见图 5-66)。

(8)对底座的开关进行三维设计(见图 5-67)。

(9)完成最终的模型(见图 5-68)。

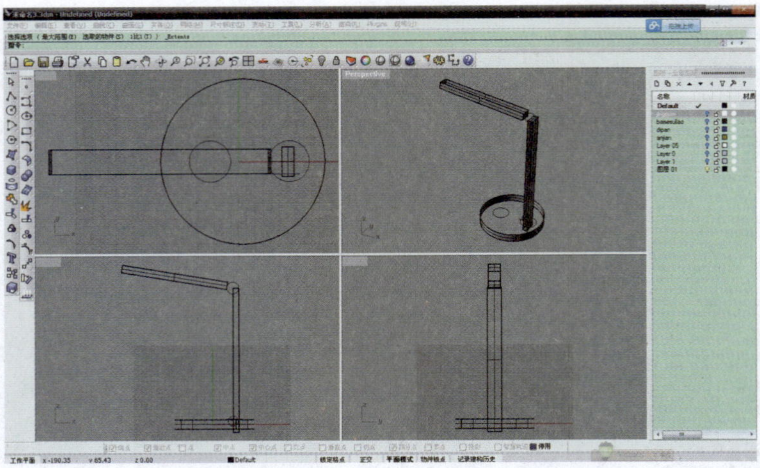

图 5-61　形体块面的绘制

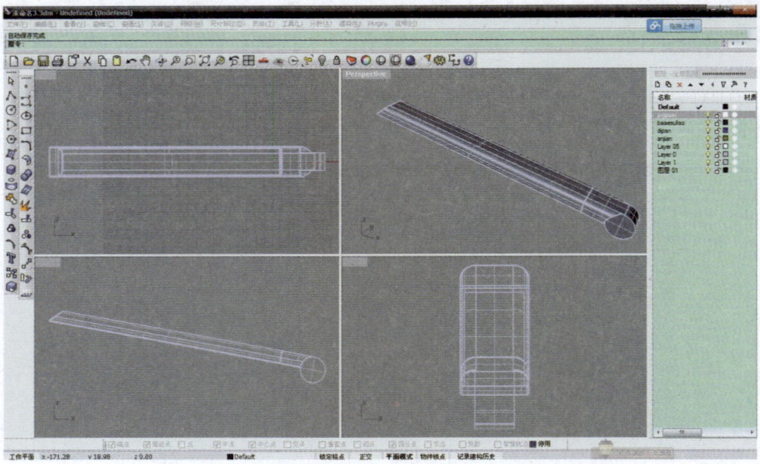

图 5-62　倒角制作步骤一（绘制灯罩）

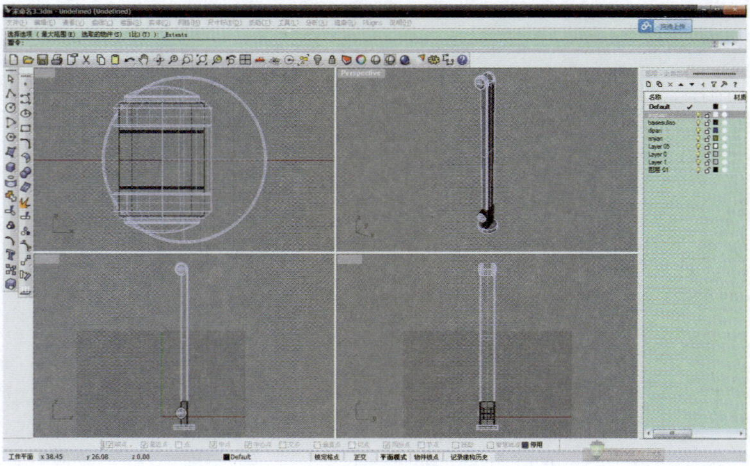

图 5-63　倒角制作步骤二（绘制灯柱）

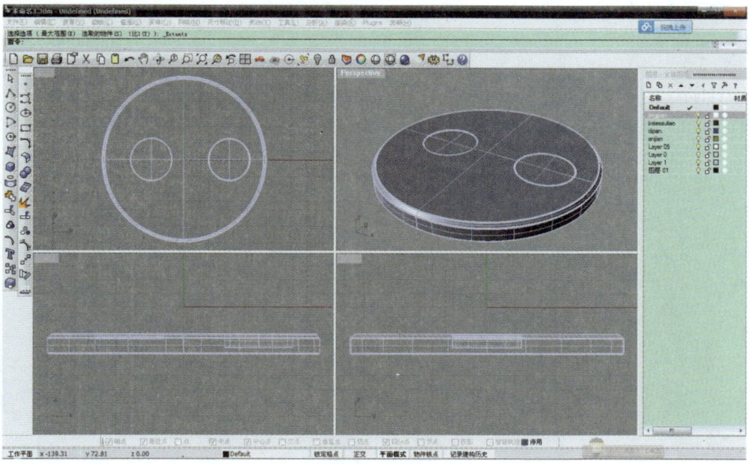

图 5-64　倒角制作步骤三(绘制底座)

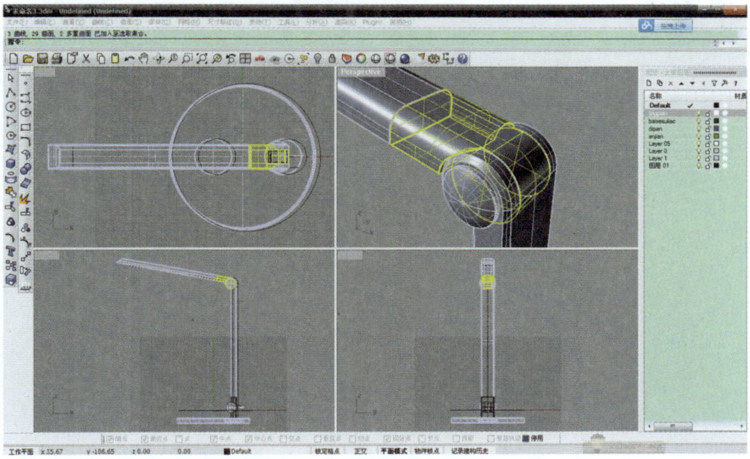

图 5-65　连接件和开关制作步骤一(灯柱和灯罩的连接件制作)

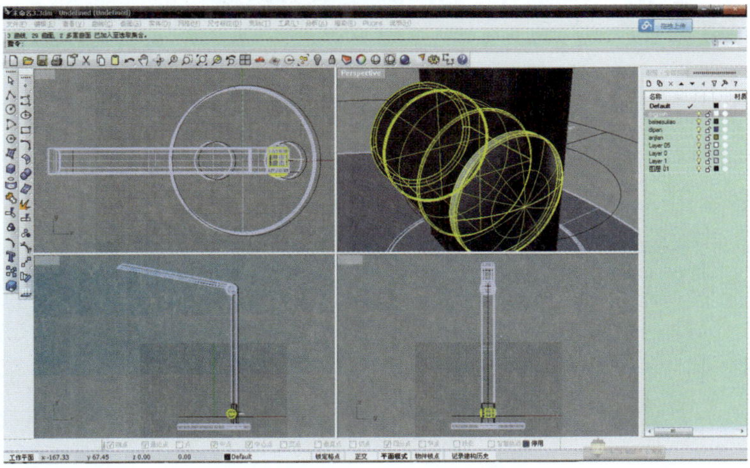

图 5-66　连接件和开关制作步骤二(灯柱与底座的连接件制作)

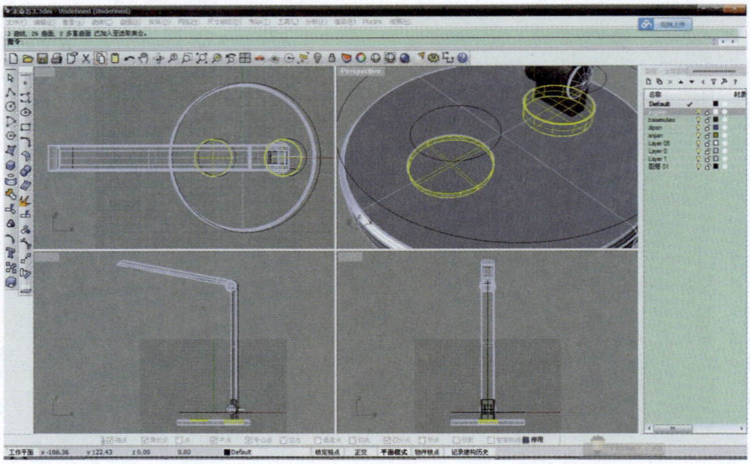

图 5-67　连接件和开关制作步骤三(底座的开关制作)

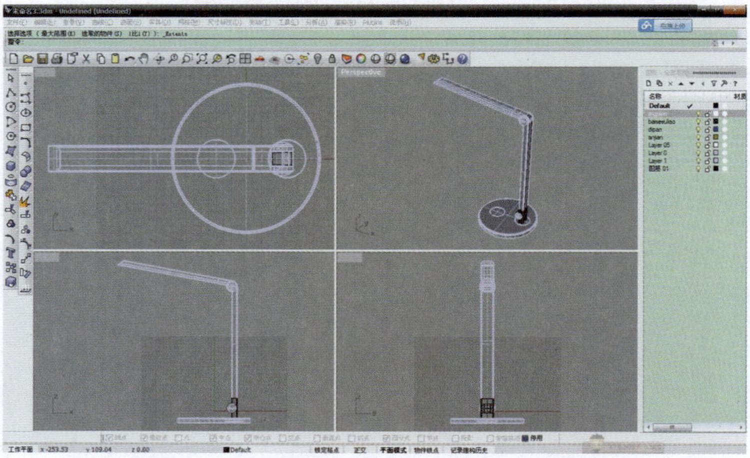

图 5-68　连接件和开关制作步骤四(完成最终模型)

(10)按照灯具的不同材料选择不同的图层(此步骤利于产品后期的渲染,以及同结构工程人员进行清晰和有效的沟通)。

四、第四阶段:结构与工艺设计

(一)灯臂结构与工艺

台灯的灯臂采用 ABS 压塑成型,ABS 抗冲击性和耐热性好,易加工、制品尺寸稳定、表面光泽性好,后期组装成型容易(见图 5-69)。

(二)灯杆结构与工艺

灯杆材料的选择主要考虑台灯光源长时间发热的问题,如选用传统的塑料容易损坏和老化,选用金属铝材经镀铬处理后则不易划伤、掉色,而且具有极佳的散热效果。此处铝材工艺流程主要是车削成型、切割,然后经过精雕加工、抛光处理、表面喷砂和表面阳极氧化等工艺完成(见图 5-70)。

(三)台灯光源设计

台灯光源设计考虑消费者长时间的工作和学习,灯光的照明强度与舒适度是主要决定

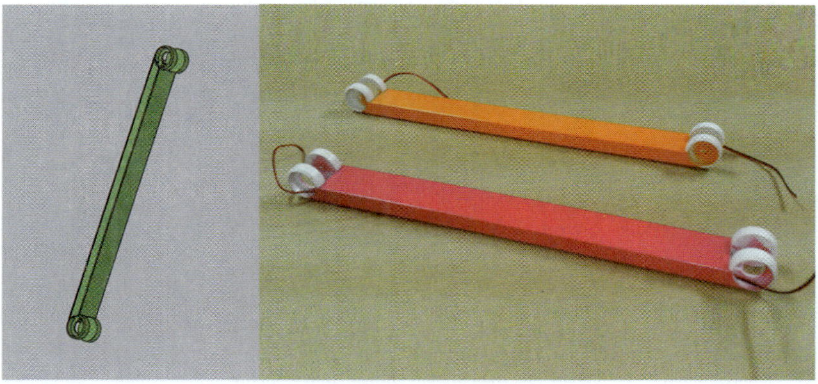

图 5-69　灯臂结构和后期成型效果

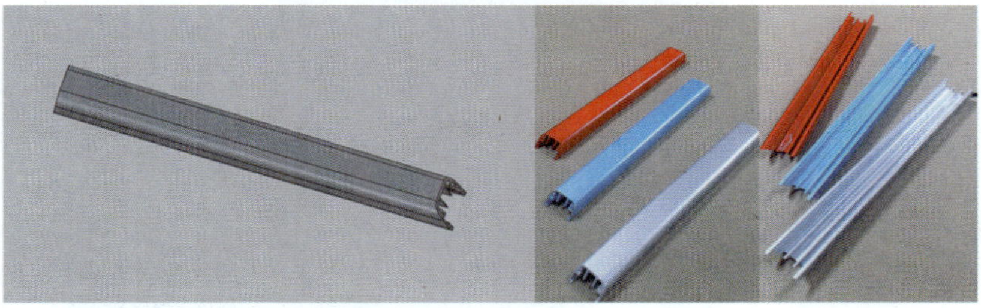

图 5-70　灯杆结构和后期成型效果

因素，选用 48 颗 LED 灯珠组成的面光源发光模块，光线呈线形分布，色温 6 500 K 的冷白光经 PC 扩散柔光板导光，能达到舒适的极佳照明效果（见图 5-71）。

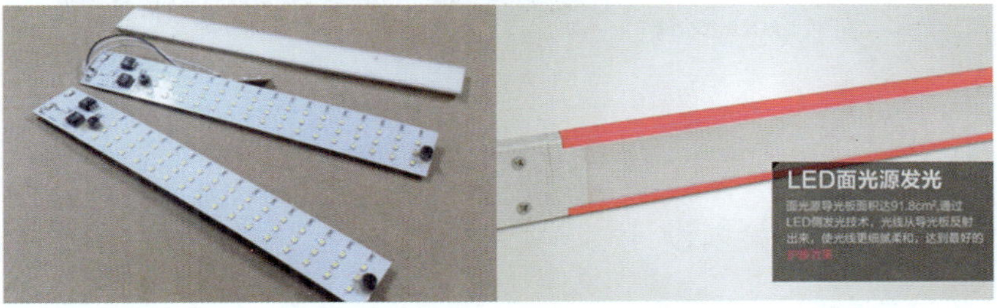

图 5-71　LED 灯柱布置效果

（四）台灯底座及按键结构与工艺

底座设计主要考虑灯具的牢固性和稳定性、按键的灵敏性。底座表面采用 ABS 压塑成型，并进行表面喷砂处理，在底座内部添加配重铁块以增加重量。按键则采用透明 PC 材料，背面根据设计要求丝印相应的图标符号（见图 5-72）。

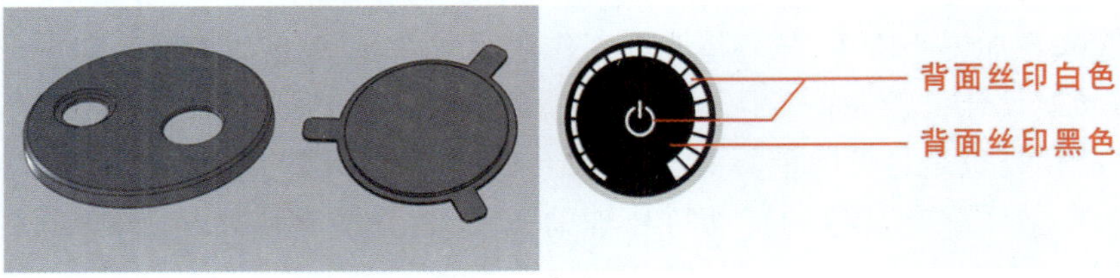

图 5-72　LED 底座结构及按键工艺

（五）其他部件结构与工艺

考虑台灯在工作中需频繁转动灯臂和灯杆，连接件的设计要注意阻力系数，保证长久使用过程中保持完好的体验效果，材料选择 ABS 压塑成型，锁扣采用铸铁材料（见图 5-73）。

图 5-73　连接件结构

台灯整体工艺如图 5-74 所示。

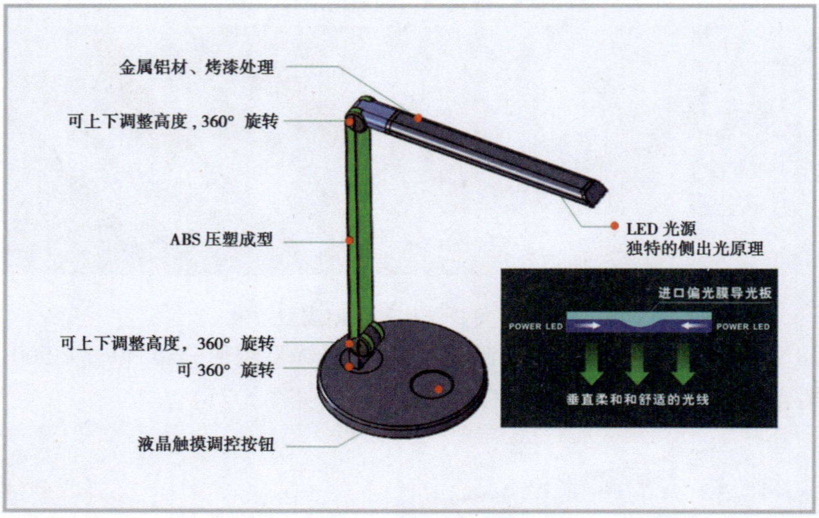

图 5-74　台灯整体工艺

五、第五阶段：平面策划设计

（一）功能特点提炼

1. 触控设计

首先需要提炼和强化的是台灯的无级触控技术，这是体现台灯特质的一个亮点。前期步骤是设计师和摄影师进行沟通，布置特定的环境和场景，选择适当的光线和拍摄的视点。拍摄好图片后用 PS 软件进行后期处理，配合文字进行进一步的深化表达（见图 5-75）。

文案部分：触控开关的设计，感应灵敏，带给消费者更多的产品使用体验。无级别调节亮度，调节起来更加得心应手，从环境光到工作照明光，提供更多的选择。

2. 旋转功能设计

旋转功能设计也是台灯的重要卖点，可将台灯旋转到不同的角度，通过不同的视角及局部特写来表现，然后配合红色的转动符号辅助说明，这样能将旋转特点体现得很清晰（见图 5-76）。

文案部分：从人机工程学的角度考虑，设计了多处可活动的旋转功能，使消费者能便捷地掌控照明的高度和角度。

图 5-75　台灯局部摄影图一

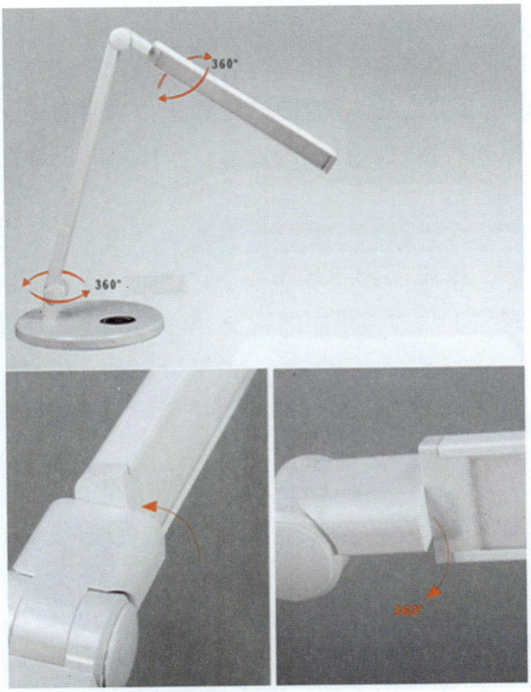

图 5-76　台灯局部摄影图二

3. 折叠功能设计

渲染几张旋转台灯灯臂的效果图，然后将几张图组合在一起，并标注可旋转的方向和角度，同时拍摄一张照片体现产品完全折叠后的状态（见图 5-77）。

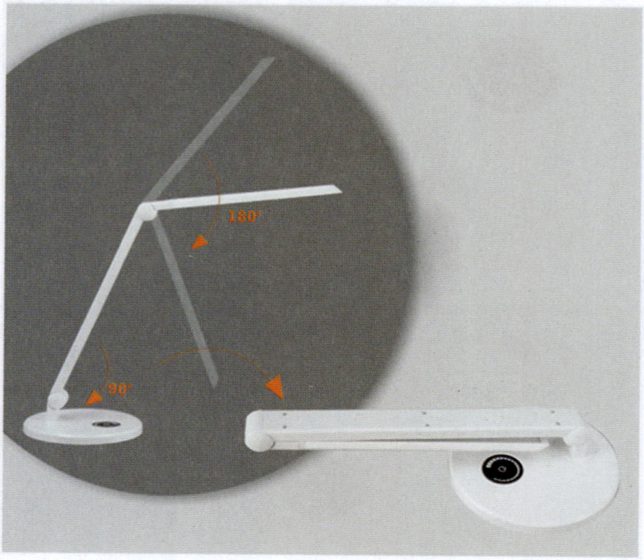

图 5-77　台灯折叠功能摄影图

文案部分：折叠功能的设计节省了大量的包装成本及运输成本，从而可减轻消费者的负担。

（二）台灯色彩提炼

色彩设计中，通过分析近两年主流家电产品、家具、灯具、服装及汽车等产品的色彩，分析产品与家居环境之间的相互关系，对消费趋势和定位人群的喜好进行预测，从而得出橙色、蓝色、红色、银色、白色和玫瑰色六种色调方案。多样化的色彩提供给消费者更多选择的空间，同时利于产品集中销售。

1. 橙色调

橙色是一种明快、热烈、温暖而欢快的色彩，在工业产品中运用得非常普遍，如图 5-78 所示的橙色灯具和椅子充满了活力与华丽的特征，橙白搭配运用在台灯上，传达了一种健康而温暖的形象。

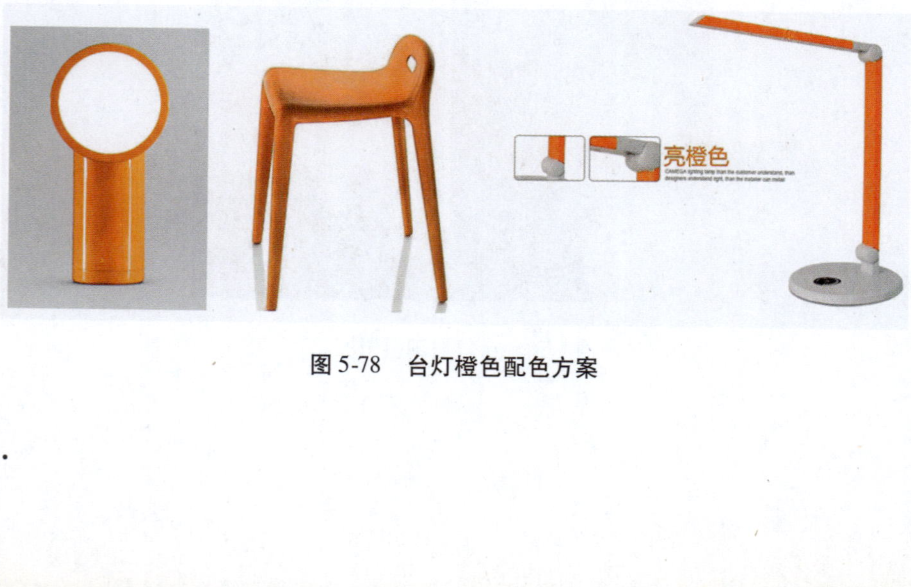

图 5-78　台灯橙色配色方案

2. 蓝色调

蓝色是一种秀丽、清新、郁悒而豁达的冷色调色彩，同时也预示着灵感和灵性。在啤酒包装、电子产品和紧凑型汽车中经常可见到蓝色的运用，天蓝色调的台灯让室内空间多了一层沉稳和宁静的气息（见图 5-79）。

图 5-79　台灯蓝色配色方案

3. 红色调

红色鲜艳夺目，在视觉上给人一种迫近感和扩张感，容易引发兴奋、激动、紧张的情绪。红色的颜色性格强烈、外露，包含着一种力量和冲动，其内涵是积极的、前进向上的，为活泼好动的人所喜爱。如热情而欢乐的可口可乐包装，象征激情与速度的法拉利跑车，孟菲斯派代表人物索特萨斯设计的“反机器的机器”——红色情人节打印机。红色的台灯使生活和工作环境充满热烈而奔放的气息（见图 5-80）。

图 5-80　台灯红色配色方案

4. 银色调

这里将白色到黑色的所有无色色彩称为银色调。银色象征洞察力与理性，沉稳而高贵，在家电产品中使用的频率越来越高，受到很多消费者的青睐。同时，银色是沉稳之色，代表高尚、尊贵、纯洁与永恒，更重要的是银色是时尚色调，是中间色的一种，极其容易搭配，如日本无印良品崇尚极简的银色。银色调中的白色台灯朴素而不失大气，简略而不失时尚，金属感十足（见图 5-81）。

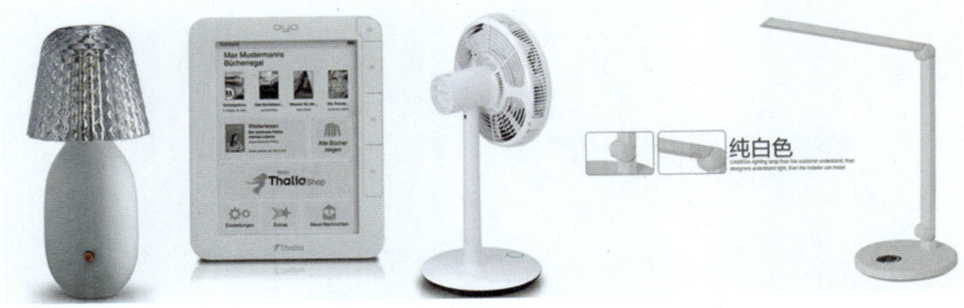

图 5-81　台灯白色配色方案

(三)整体文案设计

整体文案设计中需要给产品提炼一个大方而高贵的名字,应果断舍弃企业以英文字母加上阿拉伯数字的传统命名方式,因其不能反映产品的特质,导致识别度不高,不利于后期的宣传推广。此处可吸收国内外汽车品牌的品名策划,如比较成功的有福特毅虎、保时捷卡宴、丰田皇冠、JEEP 自由光、长城哈弗和东风景逸等。结合该灯具的特点取名为悦动台灯,突出简洁、智能、便捷和高效的创新卖点。在产品设计描述中可从创意构思点、功能与形态、细节与质感及环保主题等方面做综合的描述,同时配上英文说明,向海外市场推广。具体文案如下:

品名:悦动台灯。

创新点:简洁、智能、便捷和高效。

产品设计描述:悦动台灯力求在形、色、质等方面体现出家居日用产品的独到特性,简洁的几何美、素雅的钛金白底盘配上不同色系的灯杆、亚光的高质感赋予灯具独具匠心的外观。

“悦”既能代表喜悦之悦,又能代表阅读之阅。在设计过程中强调消费者的使用体验,六挡调光方式的全触控按钮,智能、便捷、高效,让用户尽情体验阅读之乐。

“动”则代表灵动和转动。特殊的机械转轴设计不仅使灯臂可在0°~150°灵活转动,而且使灯杆能完全折叠,节省后期的包装运输成本,体现环保的需求。

参 考 文 献

[1] 郑建启,李翔. 设计方法学[M]. 北京:清华大学出版社,2006.
[2] 柳冠中. 工业设计学概论[M]. 哈尔滨:黑龙江科学技术出版社,1997.
[3] 柳冠中. 苹果集——设计文化论[M]. 哈尔滨:黑龙江科学技术出版社,1996.
[4] 李乐山. 工业设计思想基础[M]. 北京:中国建筑工业出版社,2004.
[5] 李乐山. 工业设计心理学[M]. 北京:高等教育出版社,2004.
[6] 阮宝湘,邵祥华. 工业设计人机工程[M]. 北京:机械工业出版社,2005.
[7] 美国工业设计师协会. 工业产品设计秘诀[M]. 雷晓红,邹玲,译. 北京:中国建筑工业出版社,2005.
[8] 桂元龙,杨醇. 产品形态设计[M]. 北京:北京理工大学出版社,2011.
[9] 李农. 景观照明设计与实例详解[M]. 北京:人民邮电出版社,2011.
[10] 北京照明学会照明设计专业委员会. 照明设计手册[M]. 2 版. 北京:中国电力出版社,2006.
[11] 夏进军. 产品形态设计[M]. 北京:北京理工大学出版社,2012.
[12] 徐清涛. 灯饰设计[M]. 北京:高等教育出版社,2010.